TURING 图灵新知

U0734326

[日] 远山启

著

武晓宇

译

数学与生活 ⑤

数学的历史、现代与方法

人民邮电出版社

北京

图书在版编目（CIP）数据

数学与生活 . 5，数学的历史、现代与方法 /（日）
远山启著 ； 武晓宇译 . -- 北京 ： 人民邮电出版社，
2025. --（图灵新知）. -- ISBN 978-7-115-67362-6

Ⅰ . O1-49

中国国家版本馆 CIP 数据核字第 2025HOH510 号

内 容 提 要

本书着眼于数学思考方法的发展，将数学划分为古代数学、中世纪数学、近代数学、现代数学，以生动的讲述方法清晰呈现了数学的发展脉络，并结合日常经验讲述了诸多数学概念与思想的来源与发展。此外，本书还通俗地讲述了现代数学中的重要概念与方法，引导读者对数学产生更深刻的理解。

◆ 著　　　　[日] 远山启
　　译　　　　武晓宇
　　责任编辑　戴　童
　　责任印制　胡　南

◆ 人民邮电出版社出版发行　　北京市丰台区成寿寺路 11 号
　　邮编　100164　　电子邮件　315@ptpress.com.cn
　　网址　https://www.ptpress.com.cn
　　大厂回族自治县聚鑫印刷有限责任公司印刷

◆ 开本：880×1230　1/32
　　印张：9.25　　　　　　　　2025 年 8 月第 1 版
　　字数：182 千字　　　　　　2025 年 10 月河北第 2 次印刷
　　著作权合同登记号　图字：01-2024-4421 号

定价：79.80 元
读者服务热线：(010)84084456-6009　印装质量热线：(010)81055316
反盗版热线：(010)81055315

目　录

第 1 章　数学的变迁

第 2 章　现代数学的邀请

第 1 章

数学的变迁

1.1 古代数学

时代的划分

数学一直在变化，我想和大家聊聊这个话题，这将非常有助于各位理解数学，弄懂数学究竟是什么。或许有人纳闷："数学真的在变化吗？"这里说的"变化"，其实是数学在"容貌"上的变化。虽然数学的本质没有改变，但其"容貌"在从古代到现代的历程中产生了诸多变化。了解这些变化，将能更好地从本质上理解数学。

在所有学问中，数学恐怕是最古老的一门学问了。早在几千年前人类文明刚刚开始的时候，数学这门学问便已萌芽。从这个意义上说，数学真可谓源远流长。

为了考察跨越几千年的数学历史，我们最好将其划分为几个时代，这样会比较方便。本书的划分方法并非学界定论，而是我根据数学的发展做出的划分。我认为这种划分方法能让各位更好地理解数学"容貌"的变化。我将数学的历史划分为古代、中世纪 ①、近代、现代四个时代，并将在后文中分别说明数学在这四个时代是如何变化的。

---

① 我们通常所说的中世纪是指从公元 5 世纪后期到公元 15 世纪中期，而本书中作者所指的中世纪则是根据数学发展的复杂程度，从古希腊中期开始划分。——编者注（本书若无特殊说明，脚注皆为编者注。）

古代数学，是指古代文明时期诞生的数学。古代文明是指古埃及、古巴比伦、古印度和中国。这些文明以农业为中心而诞生。这个时期的数学，现在多出现在小学数学的课程中。在古代与中世纪的交替之际，古希腊人开辟了全新的数学，之后数学就进入了中世纪。在漫长的中世纪时期，为数学史划分出下一个时代边界的是 17 世纪的笛卡儿。大家可能都非常熟悉，笛卡儿构想出了坐标，而这就是近代数学的开端。近代数学从 17 世纪持续到 19 世纪，而从 20 世纪起，数学就进入了现代数学的阶段。

现代数学是进入 20 世纪之后的数学，是数学史中最新的那一段，也是数学发展的前沿。正因为如此，有些读者可能觉得，现代数学的思想相当难，不是一两天就能理解的。但实际上，从某种意义上来说，现代数学反而比古代、中世纪、近代的数学更好理解，因为它有更加接近常识的一面。

从 20 世纪开始的现代数学，从某种意义上说，其思考方法（仅指思考方法）与小学生所学习的数学非常接近。也就是说，"最前沿"与"最简单"相连通，这也是学问发展的一个有趣之处。数学家经过长年累月的思考，所研究的最难之处，其思考方法却与小学生的思考方法相似，真是有趣。

现代数学中的很多构想，比如集合，已经逐渐进入了学校的数学教科书中。而对于这些内容，一些学生家长当年上学时可能根本没学过，当孩子问家长相关内容时，家长也就不知如何应对。本书或许也能对这类家长有所帮助。

古代数学其实并没有数学中常见的"定理—证明"体系，可以说是非常经验性的东西。古代数学时期的著作，现在留存不多。这些书中会有一些名为"定理"的"一般性法则"，但这些所谓的"定理"并不是以"证明"的形式产生的。古代数学的著作，其形式多是收录很多问题，并记录这些问题的解答方法。

古代数学——古埃及、中国

想了解古代数学，其实只要回想一下小学的算术即可。公元前三四千年时，古埃及的数学书记录的便是这类内容。这些数学书的各章记载了相似的问题，并讲述了问题的解法。此时的数学书没有记录"一般性法则"，而是通过让研读者不断解题，最终自行获得一般性的解法。

另外，中国有本较为古老的数学书叫《九章算术》。这部数学书总共由九章构成，故得其名。《九章算术》具体的成书年代不详。据研究者的推测，其内容原本大约出现在中国的战国时期，秦统一天下后，秦始皇焚书坑儒，《九章算术》这类数学书也未能幸免。在秦之后的汉代，有人搜集了散落在各地的残章，重新整理、增补，编纂出了《九章算术》。中国有很多数学著作，《九章算术》是其中较为古老的一部，其写作方式也与我们前文提到的相同：它没有使用"定理—证明"的体系，而是收录许多类似的题目，然后记录这些题目的详细解法。值得一提的是，与同时代其他地方的数学著作相比，《九章算术》的内容是最先进的。

《九章算术》第八章的题目为"方程"。这便是现在数学中经常使用的"方程"的术语起源。由此也可以看到，"方程"可谓历史悠久的古物。"方"是"比较"之意，"程"则指大小，也就是"量"之意。也就是说，"方程"即"对量进行比较"。现在的方程其实也有这层含义，即"对等号左右两边的量进行比较，使其相等"。这就是我们今天所说的一次方程。《九章算术》非常系统地记录了这类方程的解法。但即便是《九章算术》这样优秀的数学著作，也没有使用"定理—证明"的体系来撰写，所以我之前才说古代数学是经验性的。

在当时，《九章算术》是为官吏（政府的工作人员）学习数学而编写的。之前我们提到过的古埃及的数学书也是如此。这类书相当于现在国家公务员考试的参考书，而不是大众读物。也就是说，如果不掌握这些书上的数学知识，那么当时政府的工作人员就无法顺利完成工作。例如，计算田地的面积就需要掌握四边形、三角形、圆面积的相关知识。而且，在古代数学中，出现过即便从现在的角度看，水平也相当高的数学内容。例如，在古巴比伦的数学中，出现过现在的二次方程的解法。

数学究竟是如何发展出这些内容的呢？我认为是当时的社会发展对数学提出了这种程度的要求。例如，维持国家的运转需要有效的行政系统，那自然就需要建立税收系统。另外，修建道路、兴建治理河流的水利工程以及建造金字塔之类的大型建筑，这些都需要管理者具备相当高水平的数学知识。由此可见，数学果然不是头脑中单纯的思维游戏，它的发展是在社会发展需求的刺激下产生的，在古代文明时期尤其是这样。

在以农业为主的古代文明国家中，还有一门学问与数学一起获得了发展，那就是天文学。古代天文学的发展，绝不是因为古代人出于乐趣去眺望星空，而是为了满足农业上的需求。对于农业而言，了解气候，也就是了解季节之事是最重要的。我们现在都知道，一年有 365 天，但古时候的人们最初并不知道这一点，这其实是长时间观星而得出的结果。如果不明白这一点，那么人们就无法知道应该在什么时候播种。了解时节变化，把握季节更替，对于农业国家而言至关重要。即使到了现代，虽然住在城市里的人已不用再过多关注季节变化，与播种之类的事情也渐行渐远，但对于依旧从事农业的人而言，不了解季节之变可以说就无法生存。所以，以农业为主的古代国家，其天文学自然会得到发展。天文学的发展中会出现计算方面的需求，而这则会刺激数学的发展。可以说，这是数学发展的基础。古代数学的"容貌"，大致就是如此了。

古希腊数学与泰勒斯

古代数学进化到下一阶段，其契机来自古希腊文明。大约在公元前 6 世纪到公元前 5 世纪，古希腊文明登上历史舞台。与古埃及、古巴比伦等文明不同，古希腊的农业并不繁荣，出产的农作物多是橄榄、葡萄等。古希腊以商业贸易为主，即将橄榄、葡萄等产物用船卖到地中海附近的地区。也正因为如此，古希腊所需要的数学知识也不同于之前那些以农业为主的文明古国。

各位读者可能在课堂中听说过古希腊的七贤之首泰勒斯（约前624—约前547）。泰勒斯常被称为古希腊哲学的开山鼻祖，他其实也是古希腊数学的开山鼻祖。另外，据说泰勒斯还是一位商人，头脑非常好，做生意做得也挺成功。那个时期的古希腊人会频繁到古埃及和古巴比伦做生意，得益于此，古希腊人也学习了古代数学的成果。之后，古希腊人用一种全新的思考方法将数学推进到了一个全新的阶段。这种新的思考方法是什么呢？那就是古代数学中所欠缺的"证明"。

泰勒斯本人并没有撰写过任何著作。在那个时期，人们似乎并不把写书看作了不起的事情。当时的著书者，多被世人看作二流之人，而非一流。例如，耶稣本人没有写过书，释迦牟尼也没有。佛经多是释迦牟尼的弟子对其说教的记录。苏格拉底（前470—前399）自己也未曾写书，其话语大多由他的弟子柏拉图（前427—前347）以"对话"的形式记录下来。中国的孔子也是如此，《论语》也是由其弟子记录孔子的言论而写成的。在那个时期，伟大的思想家自己都不怎么写书。

泰勒斯也是此类"不著书者"之一。他思考的事情，以及他是如何思考的，也都是由他人记录下来的。当然，这些记录中也包括他对数学的思考。据说，泰勒斯的数学成就之一便是提出了三角形全等的判定定理，即两角及其夹边分别相等的两个三角形全等。换言之，如果三角形的两个角及其夹边确定，那么这个三角形便确定了。泰勒斯最先提出了这个三角形全等的判定定理，并对其进行了证明。

其实，泰勒斯之所以会提出这个定理，与他所从事的生意有很大的关系，或者说和他父亲是往返于地中海的商人有很大的关系。如果想通过海岸线上的两点来判断在近海上航行的船只的位置，那么就可以使用这个定理。例如，可以测量陆地海岸线上的两个点分别到船只方位的角度，知道了这两个角度以及两点间的距离，便可以确定一个三角形，也就可以确定船的位置。另外，据说泰勒斯还证明了"等腰三角形的两个底角相等"。

泰勒斯将"证明"一词带到了数学中。此后，"证明"，即"描述一般性法则，并对其进行证明"，成了数学中不可或缺之物。从这层意义上说，古希腊以前的数学与古希腊之后的数学，可谓大不相同。就这样，古希腊人开辟了数学的新时代。

1.2 中世纪数学

　　古代数学仅仅对事实进行了罗列，并未对其进行归纳。换言之，古代数学是经验性的，没有从事实中导出一般性法则，算是"归纳"之前的阶段。古希腊人则重视"证明"，或者严格来说其实是"演绎"，是从一般性法则推导出具体的事实。那么，这里所说的"证明"究竟是什么呢？其实是将复杂的事情分解为简单的事情，然后通过对简单事情进行组合来理解复杂的事情。这种方法是古希腊人最先想出来的。

毕达哥拉斯

　　在泰勒斯之后的古希腊数学名人是毕达哥拉斯（约前582—约前496）。估计大家都知道毕达哥拉斯这个名字吧，学校的课本中大多会提到他，一般还会有他的雕像图。从雕像来看，毕达哥拉斯是个长着胡子的大叔，但雕像其实是后人雕刻的，本人究竟是不是这样，现在也不得而知了。毕达哥拉斯曾参与过许多政治运动，失败之后，他被驱逐出古希腊，到了意大利的南部，就是形如靴子的意大利地图的靴底之处，并在那里创立了新的团体。这个团体具有宗教性质，但同时也是一个学术研究团体。据说毕达哥拉斯本人就像他创建的团体一样，具有这种奇妙的两面性。他既是某个宗教团体的领袖，又是数学与科学的鼻祖，真是一个让人捉摸不透的神秘人物。毕达哥拉斯自己也不写书，他的思想也是靠弟子来帮忙记录的。不过，他的团体奉行秘密主义，所以弟子也不怎么写书。毕达哥拉斯的相关记录，多出自柏拉图和亚里士多德（前384—前322）的书中，而他们记录的也是从毕达哥拉斯的弟子那里获取的二手信息。

毕达哥拉斯继承了泰勒斯关于"证明"的思想。他的相关成就中最有名的就是"毕达哥拉斯定理"（勾股定理）。虽然传闻中说毕达哥拉斯证明了该定理，但是否确有其事并不清楚，而他是用什么方法证明的，也不得而知。学校里所教授的该定理的证明方法，其实是数学中后来的方法。另外，毕达哥拉斯还有一个有名的定理，即"三角形的内角和等于两直角"。据说毕达哥拉斯也证明了这个定理。国外的某些教科书中会将这个定理写成"毕达哥拉斯定理"。总之，这些东西虽然看起来很简单，但思考出"证明"这一方法，在当时可是非常了不起的创举。

古希腊的社会

那么，古希腊人为什么会思考出"证明"这种方法呢？或者说，为什么他们能通过组合大家都承认的简单事情来逻辑性地证明复杂的事情呢？这是个很有意思的问题，但遗憾的是，我们已无法知道真正的原因。现在，我们只能通过想象古希腊人头脑中的思考过程来推测这个问题的答案。我个人的推测如下。

如前所述，古希腊并非一个农业国家，而是商人和中小企业（用今天的话来说）聚集的国家。古希腊的城邦由小型城市联合而成，并且城市之间保持着各自的独立性，市民可以自由地讨论许多事情。总之，在古希腊的城市中，辩论是非常盛行的。当然，古希腊城市中的奴隶并不能自由地参与讨论，但在自由的市民之间，讨论是非常盛行的。古希腊虽然也存在农业，但其农业大多是个人之事，并非被迫为之。古希腊的种种环境，为自由讨论之风的形成奠定了基础。读一读柏拉图的《对话录》，我们就能感受到这种风潮。《对话录》的主角是苏格拉底，他平时会在城市中散步，逢人便与其聊一聊。他会将对方带入自己的思考节奏中，并趁机宣传自己的思考模式。

在自由讨论的环境下，逻辑学自然也得到了发展。另外，能够让他人赞同自己主张的辩论术，同样得到了发展。在专制国家中，辩论术、修辞学以及逻辑学往往得不到发展。只有人们平等地聚集在一起进行自由讨论，逻辑学才能萌芽。如果一切都由国王决定，国王的话就是绝对命令，那么逻辑学就难以出现。古希腊并非这种专制环境，自由讨论之风盛行，所以逻辑学也得以蓬勃发展。

古希腊这种自由讨论究竟是如何进行的呢？两个人进行讨论前，如果没有双方共同认可的基准，那么讨论便无法展开。为了让双方在相同的层面上展开讨论，讨论需要确认共同的出发点，否则，双方的讨论就会产生偏差。

　　将这种模式带到数学中，就产生了讨论数学问题的出发点，即"公理"。这是大家都不得不承认的一种"真理"。例如，"过两点有且只有一条直线"，除了那种性格别扭、喜欢抬杠的人，大家都会承认这种事情。在数学中，大家承认这些极少数的"真理"，也就是"公理"，然后再将它们进行组合去证明更多、更复杂的事情。也就是说，这种自由讨论的形式，从古希腊的社会领域流传到了数学领域，变为在数学领域用逻辑发现新事实并去证明的新方法。像古埃及这样的专制国家，国王的命令就是绝对命令，在这种环境下是很难产生这类思考方法的。

欧几里得的《几何原本》

　　古希腊的这种新的思考方法，在今天被称作"演绎"，即从一般性法则中推导出种种特殊的事实。另外，这种方法还有一个特征，那就是它是排斥运动的，即它所针对的对象是静止的，而非运动的。有一个人总结了古希腊人的这种思考方法，并将其构建为一个宏大的体系，他就是欧几里得（约前330—前275）。

　　约公元前300年，此时与其说是古希腊时期，不如说是进入了"希腊化"时期。这个时期，亚历山大大帝（前356—前323）建立了巨大的帝国，并将帝国的首都设立在埃及的亚历山大港。欧几里得正是在亚历山大港图书馆中工作的学者，他整理、总结了古希腊人的思考方法。

欧几里得设立了几条公理，然后通过组合它们创建了几何学这个庞大的学问体系，该体系就是我们今天所说的《几何原本》。《几何原本》的英语书名是 *Element*，其意为"本源"，在希腊文中则是"Στοιχεῖα"。欧几里得在这本书中透彻地运用了我们之前提到过的古希腊人的思考方法，创建了几何学的体系。之后，数学领域中便沿用了欧几里得的方法。

欧几里得的方法还有一个特点，即刚才说过的，他的方法是演绎的，也是静止的。现在，学校可能已经不再教授这类方法了，不过过去中学的初等几何中还会出现这类方法。这种几何中出现的图形，基本上是以图形不变化为前提的。例如，说到 $\triangle ABC$ 时，并不会涉及三角形伸缩的内容。图形一旦确定就不会发生改变，是完全静止的。所以，这个时期的数学并不适用于研究运动、变化的事物，它仅适用于静止、不变的事物。这是中世纪数学的特征。

阿基米德与阿拉伯文化

如大家所了解的那样，在欧洲的中世纪时期，自然科学研究几乎停滞不前。但是，在欧几里得之后，出现了一个名叫阿基米德（前287—前212）的人。此人生于现在意大利的西西里岛。如诸位所知，他以阿基米德原理（浮力定律）和杠杆原理而闻名。不过，除此之外，阿基米德也在数学上做出了巨大贡献。在公元前 200 年左右，阿基米德已经摸索到了今天微积分学的门口。

阿基米德简直可以说是人类数学史上最优秀的天才。虽然也有与阿基米德贡献相当的人，但在当时，阿基米德因为研究成果太超前，以至于没有后继者。或者说，阿基米德的研究在欧洲后继无人，反而在阿拉伯广为流传，并且被人传承了下去。在那个时期，阿拉伯的文化要比欧洲先进。

尽管欧洲人自认为欧洲自古以来就是最先进的文化之地，但事实绝非如此。欧洲文化获得急速发展，其实是在进入近代之后，也就是说是非常近的事情。在古代的时候，亚洲的文化要远远胜于其他地区。

数学也是如此，在欧洲的中世纪①，数学研究几乎没有任何发展，甚至有所倒退。在这个时期，很多欧洲学者的研究成果被翻译、传播到阿拉伯，之后阿拉伯的文化再逆向输出，进入欧洲。也就是在这一时期，阿基米德的研究成果先被翻译成阿拉伯语，之后又从阿拉伯语翻译成欧洲的各种语言输入到欧洲。所以说，欧洲的中世纪对于自然科学、数学而言，都是一个难以容身的时代。在那个时期，宗教拥有绝对权威，科学没有立足之地，只能暂时到阿拉伯那边"避难"。

进入近代初期，在阿拉伯"避难"的科学逐渐向欧洲回归。从"文艺复兴"时期开始，自然科学研究、数学研究都重新兴盛起来。例如，16 世纪已经出现了使用字母进行计算的代数学，这

---

① 此处欧洲的中世纪是指从公元 5 世纪后期到公元 15 世纪中期。

类研究为近代数学的诞生奠定了基础。之前的代数方程只能解二次方程，而到了 16 世纪，三次方程、四次方程的解法也被发现，而且是在意大利被发现的。之后，代数学也再次迎来了复兴。

1.3 近代数学

笛卡儿与《谈谈方法》

在数学领域中，真正首次明确提出近代思考方法的人，是笛卡儿（1596—1650）。当然，这种突破并非完全靠一个人完成。在笛卡儿之前，已经有很多研究者为这种突破打下了基础，之后便由笛卡儿明确、清晰地论述出这种方法，进而诞生了全新的数学思考方法。

笛卡儿的数学理论著作名为《几何学》，其法语书名是 *La Géométrie*。彼时正值 17 世纪初，这本《几何学》其实是笛卡儿为其著作《谈谈正确引导理性在各门科学上寻找真理的方法》（本书中简称为《谈谈方法》）撰写的附录。《谈谈方法》是非常有名的著作，此书虽薄，在学术的历史中却至关重要。在哲学史中，这本著作也是近代哲学的开山之作。

《谈谈方法》所言之"方法"，指学问的研究方法。当时的哲学与今天所说的哲学有所不同，其研究范围囊括自然科学、数学等诸多学问，即研究一般化的方法。今天的哲学与实际的科学已经相去甚远，似乎研究的都是普通人觉得晦涩难懂之事。当年的哲学则与科学有密切的联系，笛卡儿的哲学也是如此。笛卡儿既是近代哲学的开山祖师，也是一位一流的数学家，而今天的哲学家里，同时还是科学家的人则少之又少。对于我们这些科学研究者而言，笛卡儿的哲学是非常容易理解的。

笛卡儿在《谈谈方法》中列出了四条关于研究方法的原则。第一条原则是，"现在世上有许多著作，有很多被世人赞扬为伟大之人，但我对其全都持怀疑态度。这些东西或许并不是真的。首先要对其怀疑"。后面，笛卡儿还这样写道："凡是我没有明确证明为真理的东西，我都不将其作为真的来接受。也就是说，要小心避免轻率判断和偏见，除了清晰地呈现在我的精神中、让我毫不对其产生怀疑的东西外，我绝不让自己的判断包含其他的东西。"也就是说，只相信自己从心底里判断为真的事情。简单来说，这条原则就是"首先怀疑一切"。

第二条原则是，"对于我要研究的每一个难题，在必要的限度下将其尽可能多地分割为若干小部分，以便更好地解决它们"。将困难的问题适当地进行分割，然后再逐个击破，进而解决困难的问题。简单来说，这条原则就是"分析"。

第三条原则是与"分析"相对的"综合"，即"从最简单、最容易认知的对象开始，逐步，也就是按照阶段来认识复杂的对象。对于那些本来没有前后关系的对象，我也假定它们之间存在顺序，以便建立我思想的顺序，引导我的思想"。简言之，对于分解出来的小部分，用适当的方法建立秩序，把它们连接起来，这就是"综合"的方法。

第四条原则是，"最后要全面地考察所有情况，并再次对其进行广泛的复查，做到确信毫无遗漏"。用这种方法，能检查自己所做的事情是否存在遗漏。

笛卡儿提出的这四条，看上去似乎都是理所当然之事。如果这样想的话，那其实所有真理也都是理所当然之事，没什么难的。但是，普通人却很难觉察到这些事情。确实，这些事情说起来似乎让人觉得理所当然，但如果不是笛卡儿明确地提出来，这些"理所当然"其实一直是模糊不清、难以被我们察觉的。

像这样，存在于所有人的日常经验之中，又难以被大家明确意识到的事情，只能由像笛卡儿这样的天才发现并提出来。虽然这类发现看上去很平凡，但在被发现者提出之前，所有人都难以意识到它们的存在。笛卡儿的这些思考方法运用到数学之中，其结果就是笛卡儿的几何学。

坐标与分析 · 综合

笛卡儿构想出了坐标，这彻底改变了几何学中的思考方法。从这一点上来说，笛卡儿的几何学和欧几里得的几何学可谓大相径庭。笛卡儿使用坐标，欧几里得则不用，这是巨大的差异。笛卡儿在构建自己的新几何学时，几乎没有借用欧几里得的东西。笛卡儿借用的只有两个定理，即相似三角形的性质定理（相似三角形的对应角相等，对应边成比例）和毕达哥拉斯定理（勾股定理）。除此之外，笛卡儿几何学再没有任何欧几里得几何学的东西。

确实，在解析几何学中，使用坐标考察直线等图形时，会不可避免地涉及相似三角形的相关定理。如果没有相似三角形的性质定理，那么就无法证明"直线可以用一次方程来表达"，所以该定理是必要之物。同样，如果没有勾股定理，那么就无法计算两点之间的距离，所以它也是必要之物。不过，既然只借用了这两个定理，那么可以说，解析几何学与欧几里得几何学在根本上是不同的。虽然二者的有些结论相同，但其方法完全不一样。

如前所述，笛卡儿的"分析"方法会将事物尽可能地划分为小的部分来研究，这种方法同样被用在了解析几何学中。例如，在解析几何学中，平面上的点被表示为 x 坐标和 y 坐标这两个数的组合形式，即对一个点进行了横纵分割。二维的平面，可以用两条一维的线进行分割。这正是使用了分析的方法。虽然笛卡儿的几何学被称为解析几何学，但解析一词的英语单词 analysis 通常被翻译为"分析"，所以我觉得，将笛卡儿的几何学称为分析几何学或许更贴切。

像这样，解析几何学的出发点是"点的位置"。因为图形中最简单的东西是点，所以要从"确定点的位置"这一点出发。解析几何学先对点的位置进行了横纵分割，然后用数来表示横与纵，即用数来表示 x 和 y。如此，点的位置也随之变为两个数的组合。这种方法将几何学与数的世界相连接，让用计算研究图形性质一事成为可能。欧几里得几何中不使用任何计算，在该体系中几何就是几何。但是，在笛卡儿的体系中，图形也能够借助于计算这一强力手段来研究。

笛卡儿在其他文章中说过："我所做的事情，是为了实现'用代数的方式研究几何'。"几何非常直观，易于观察，但无法进行更加细致、深层的研究。与之相反，代数虽然不够直观，但可以使用计算这一精密手段。也就是说，笛卡儿对代数和几何二者进行了取长补短，使得代数和几何结合在一起。让两门本来不相干的学问结合在一起，这是笛卡儿的伟大功绩之一，也是近代数学的开端。

变化与运动

笛卡儿的解析几何学还有一个非常重要的地方，那就是使用坐标后，该体系能够非常完美地捕捉物体的运动与变化。例如，物体的变化可以用图像直观地呈现出来，这是欧几里得几何学中无法实现之事。也就是说，在笛卡儿的几何学诞生之前，人类无法科学地把握运动与变化。所以即便是在物理学中，当时力学的相关内容也都是针对静止物体的，对于运动物体则无从下手。这种力学可以称为静止力学，它无法把握物体运动的相关法则。但是，笛卡儿的几何学使其成为可能。这就是近代数学的力量。也就是说，如果说中世纪数学是静止的，那么近代数学就是动态的。这是一种巨大的变化，这种变化并不限于数学领域，在整个科学领域都是划时代的突破。数学是如何推动科学发生这种巨变的呢？那就是近代数学为牛顿力学的诞生提供了巨大的支撑力。

从地心说到日心说

在人类认识世界的历史中，日心说的出现可谓一个重大事件。过去的人类仅在地球这一狭小空间中进行思考，于是产生了"地球是不运动的，而太阳是运动的"的认识，这便是地心说。这是人类朴素的感觉，是非常自然的。任何人都无法从感觉上发现地面是在运动的，我们所能直观看到的就是太阳在运动。与之相对，我们的语言中也有"稳如泰山"等说法，这反映出在人类的意识中，山是静止的。但实际上，山也以非常惊人的速度在运动。山川、大地等地球上所有的东西都在运动着，对于人的认知而言，这是非常具有冲击性的。所以说，日心说的出现是人类认识世界的历史中非常重要的事件。

我们从小在学校就被教授日心说的相关知识，所以对其并不会感到惊讶，但这对于中世纪的人来说，可谓天翻地覆的理论。正因如此，日心说的倡导者哥白尼（1473—1543）非常害怕自己会不容于世，所以他在遗言中嘱托，自己所写的日心说著作要在自己死后再出版，因为这样就不用担心自己被判死刑了。在哥白尼之后，公开宣扬日心说的乔尔丹诺·布鲁诺（1548—1600）便被宗教势力以火刑处死。

日心说并非仅仅是天文学中的学说，它颠覆了中世纪人们的世界观。在此之前，人类从未经历过如此反常识的冲击。当然，这种认识上的革新自然也冲击了基督教的权威。

伽利略与日心说

布鲁诺殉难后，伽利略（1564 — 1642）用精密的逻辑对日心说进行了扩展，这就是他所撰写的《关于两种世界体系的对话》（1632）。这本书的日文译本收录在岩波文库之中，即便现在读来也会让人觉得非常有趣。伽利略是一位物理学家，但他兼具文学之才，这使得这本书历久弥新，时至今日仍能让人读得津津有味。伽利略对地心说的支持者展开了毫不留情的攻击。他的言语重创了地心说的支持势力，也激怒了宗教势力。如大家所知，伽利略遭受了宗教势力的审判，并在审判中被迫承认自己的观点是错误的。伽利略虽然免于死刑，但他被判以禁足处分，终生不得外出。自此之后，伽利略无法自由活动，也无法离开自己的故乡。不过，他充分利用这段被禁足的时间，撰写了《关于两种新科学的论述与数学证明》（1638）一书。这本书清晰地讲解了现在被我们称为力学的原理，而且通俗易懂。这本书也进一步增强了日心说给世人带来的震撼之感。

从哥白尼、布鲁诺到伽利略，历经无数人的牺牲，最后牛顿（1643—1727）终于彻底完成了日心说理论。牛顿将伽利略和开普勒（1572—1630，德国天文学家、数学家）的研究成果完美地统一在一起，开创了牛顿力学。

粗略来说，伽利略在《关于两门新科学的对话》中讲述了地球上的物体的运动法则。与之相对，开普勒则揭示了天体的运动法则。而牛顿则用同一个原理将二者统一起来。

伽利略用自制望远镜首次观察月球时，注意到了一件事，这让他大为吃惊。亚里士多德曾主张，地面上的物质杂多而脏污，而月球以及比月球更遥远的天体则不同，它们由更高等的物质构成。当时的世人对亚里士多德的这一观点深信不疑，但是伽利略在望远镜中看到，月球上也存在山峰、山谷和沟壑，与地球表面的状态相似。由此，伽利略提出一个猜想，即月球或者说宇宙整体都由相同的物质构成。这一发现，在人类认识世界的历史中，又是一个划时代的突破。伽利略的这一发现所带来的重大意义，可以说远胜于阿波罗号的登月之举。但是，就算是伽利略这样厉害的人，也无法摸索到更进一步的真相，即地球上的物体与天体是受同一法则所支配的。解开这个谜题的人正是牛顿。而牛顿解开这个谜题所使用的有力武器，正是微积分这一全新的数学领域。

牛顿几乎完美地证明了日心说，他证明了太阳系的运动法则，而这一证明所使用的正是微积分。微积分，可以说是为了证明牛顿力学而诞生的方法，所以它天生就和物理学有着密切的关系。

微分与积分

微积分究竟是什么呢？简单来说，这种方法就隐含在前文所述的笛卡儿四条原则中的第二条和第三条中。第二条原则是，研究复杂问题时，要尽可能地将其分为若干小部分，让难题变简单。这就是分析。我们再读一下笛卡儿这句话："对于我要研究的每一个难题，在必要的限度下将其尽可能多地分割为若干小部分，以便更好地解决它们。"这其实就相当于微分。微分如其字面之意，就是将事物分割为若干微小部分。

笛卡儿的第三条原则，则恰好对应积分，即将细致分割出的部分再次连接组合起来。微分相当于分析，积分则相当于综合。积分这个词，其实有把分割出来的部分积累起来的意思，是个非常巧妙的词。

过去，微积分被认为是非常难的东西，但其实从某种意义上说，微积分是一种非常简单的思想。有一些观念认为微积分晦涩难懂，但其实微积分的思考方法是极其自然的，我们甚至可以完全按照微分、积分的字面意思去理解。有人觉得以前没多少人懂微积分，但实际并非如此。只不过，过去的微积分在微分上关于无穷分割的那部分内容有一点不同。这部分内容说难的话确实有些难度。在过去，有种说法将微分按照其字面意思称为"微微略懂"，把积分则称为"积而则懂"，不过这些都是玩笑话，现在已经没有这些说法了。

例如，大家都知道，今天的高中教学中有关于微分的内容，就是图 1-1 中关于曲线的一些内容。

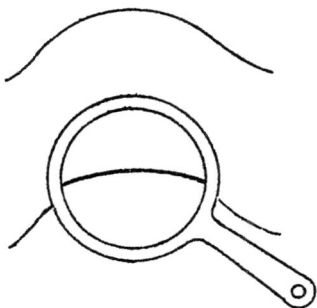

图1-1

如图 1-1 所示，该曲线直接来看的话是弯曲的，但是如果对其进行细致分割，然后取其中一部分进行观察，分割出的部分就近似于直线了。分割得越精细，其分割出的部分越接近直线。曲线是一种非常复杂的东西，但直线非常简单。通过分割，将复杂的曲线近似为简单的直线，这种构想就是微分。虽然不断"近似"的话会出现很多麻烦的事情，不过这种想法本身是非常简单的。用放大镜观察曲线的一部分，我们也能发现这部分会变得接近于直线。如果使用显微镜这种高倍率的观察设备来看，会发现其更加接近直线。如果使用电子显微镜看的话，会发现它几乎就要变成直线了。总之，使用倍率越高的显微镜观察曲线，所看到的曲线就越接近于直线。这其实就是微分的构想，没什么特别之处。之所以要把曲线近似为直线，是因为直线是非常容易处理的对象。

不过，当我们不断提高显微镜的倍率时，虽然观察到的部分会越来越精细，但相应地，我们的视野也会越来越狭小，这是这种方法的一个缺陷。我们只能看到观察对象的一小部分，观察的范围会越来越小。为了弥补这个缺陷，我们可以将观察到的细小部分连接、组合起来，这样就能看到整体的情况了。这种连接、组合就是积分。如果我们明白了这些事情再来学习微积分，就会明白微积分的思考方法是极其简单的。

牛顿与莱布尼茨之争

历史上，微积分的发明者有两个人，牛顿和莱布尼茨（1646—1716）。这两人都生于 17 世纪中叶，逝于 18 世纪初期。可以说，微积分便是在这个时期被创造出来的。一个比较有名的故事是，牛顿和莱布尼茨曾就"究竟是谁先发明的微积分"一事而争吵。这是数学史中的有名事件，但如果从时间上来说的话，无疑是牛顿先发明的微积分。

莱布尼茨比牛顿的年纪要小，学习数学也远晚于牛顿。在牛顿发明微积分十几年后，莱布尼茨也独立发明了微积分。这时，如果从牛顿这边来看，仿佛是莱布尼茨盗取了他的成果，所以牛顿也对此颇有微词，称其为"剽窃"行为。对于牛顿的反应，莱布尼茨非常生气，并且进行了反击。不过，牛顿与莱布尼茨之争，应该是在微积分创立之后很久才出现的。最开始的时候，牛顿与莱布尼茨的关系非常好，经常互相写信。牛顿也曾在给莱布尼茨的一封信中说道:"发明微分与积分者,唯有你和我。"但是,后来牛顿却指责莱布尼茨剽窃了他的成果,这是非常奇怪的事情。

为什么会如此呢?我个人的看法是,牛顿与莱布尼茨两个人在最开始发明微积分时,并没有觉得微积分是什么了不起的东西。他们觉得微积分这种平凡之物,是你发明的还是我发明的,都没什么关系。所以,牛顿留下了对他之后的主张十分不利的证据,那就是承认过莱布尼茨也发明了微积分这件事。如果牛顿从一开始就认为微积分的发明者是自己的话,那么就不会留下这个证据了。而且,他也应该会尽快公开发表相关的成果。牛顿发明了微积分,但在很长的一段时间内没有公开发表成果,所以才导致了争端发生。明明只要公开发表,就能避免这一问题,那为什么牛顿迟迟没有做呢?牛顿可能觉得微积分实在算不上什么了不起的东西,由此我们也能看出,仅从构想上来看的话,微积分的方法确实是很简单的东西。

不过,后来微积分发展成了一门学问,那时的牛顿和莱布尼茨或许都察觉到这将是非常厉害的力量,所以他们二人都有了些想法,想主张是自己发明了微积分。因此,也就有了后来的争吵。

微分与积分的力量

从某种意义上来说,微积分确实是非常简单的思考方法,而这种简单的思考方法却发挥出了惊人的威力。在数学中,能发挥如此威力的构想并不多见。其实，只要稍微学过一点微积分的人，就能知道其重要性。假如没有微积分，现代数学可能只能发展到现在程度的三分之一左右。同样，如果没有微积分，现代天文学、物理学也都会失去其体系中的重要支柱，像如今这种程度的发展也无从谈起。可以说，如果不使用微积分，那么自然方面的研究几乎无从下手。然而，微积分这么重要的东西，其思考方法却简单至极，只不过是对笛卡儿四条原则中的第二原则和第三原则的一种完美应用而已。

简单来说，微积分相当于帮助我们观察种种现象的"精巧镜头"。如前文所述，对于弯曲的东西，用微分这一"镜头"就能将其近似为直线，从而使得研究难度大幅度降低。微分这一"镜头"，就相当于显微镜，能让我们观察到非常细小的部分。积分则是将这些细小的部分连接、组合起来，让我们将研究对象再次视为曲线来理解。先分割再连接组合，微积分就是这么简单的构想。如果没有微积分，我们就无法研究太阳系的各个行星是如何围绕太阳运动的，它就无法发现太阳系天体的运动法则。

为了解决太阳系天体运动这个在当时来说至关重大的问题，牛顿构想出了微积分这一方法。前文中曾提过，牛顿将伽利略、开普勒的研究连接了起来，创建了牛顿力学。行星具体是怎样运动的，其实在牛顿出生之前，开普勒就已经研究清楚了，并创立了今天所说的开普勒定律。

开普勒定律

开普勒自己虽然没有进行天文观测，但他的老师天文学家第谷·布拉赫（1546—1601）是当时非常有名的天体观测研究者。也就是说，开普勒推导出行星运动的三条基本定律，靠的仅仅是第谷积累的庞大的天文观测数据。当时还没有望远镜，天文观测要靠肉眼来观察星空，而开普勒的眼睛不太好，无法观察星星。总之，开普勒是从前人的观测数据中推导出了行星运动的三条基本定律。

虽然有许多行星，但开普勒首先研究的是火星的运动规律。火星紧邻地球，位于地球的外侧。开普勒第一定律指出了火星的运动规律，即火星以椭圆轨道围绕太阳运动。椭圆有两个焦点，太阳就位于椭圆轨道的其中一个焦点上。"所有行星绕太阳运动的轨道都是椭圆的，太阳处在椭圆的一个焦点上。"这便是开普勒第一定律。

开普勒第一定律虽然搞清楚了行星运动的轨道，但无法确定行星在轨道上的各个点处以何种速度运动。于是，为了解决这个问题，开普勒第二定律就诞生了。

如图 1-2 所示，假设我们将太阳和火星用线连接起来，那么此时火星的运动就如同汽车前挡风玻璃上的雨刮器那样。这个火星与太阳之间形成的"雨刮器"，其扫过的面积在相等的时间内总是相等的。因此，它也被称为"面积定律"。

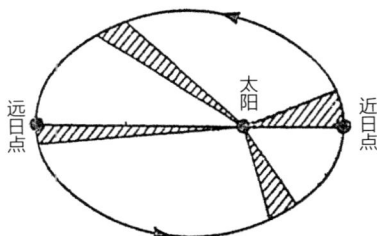

远日点　太阳　近日点

图1-2

如图 1-2 中的情况所示，由于火星与太阳的连线扫过的面积总是恒定的，因此可以得知火星在远离太阳时，其速度会变慢；靠近太阳时，其速度会变快。开普勒第二定律虽然写在纸上只有寥寥数语，但其发现过程非常艰辛。行星的运行轨道是椭圆的，这其实也是一个突破性的发现。在开普勒之前，大家都以为行星的运动轨道是圆的。但通过对观测数据的长期研究，开普勒逐渐注意到行星的轨道似乎像被轻微地挤压过的圆一样。圆被轻微挤压就是椭圆，于是开普勒提出了相应的假设，并通过观测数据证实了这个假设。提出假设是科学研究中经常使用的一种方法，大部分假设可能都不成立，但也有偶尔成立的时候。我们从结果上来看，似乎是研究者直接把成立的假设发表了出来，但在科学研究中，几十个、几百个假设中可能才有一个是成立的。开普勒就经历了这种艰辛的探索过程，他在庞大的观测数据中苦心孤诣，花费了非常长的时间才发现了开普勒第二定律。

开普勒第三定律的发现也经历了相当长的时间，与发现第二定律之间相距约有 10 年。第三定律描述的是行星轨道的大小与其公转时间之间的关系，具体内容是"行星绕太阳公转周期的平方和它们的椭圆轨道的半长轴的立方成正比"。这个定律，对于围绕地球运动的人造卫星也是成立的。

有了开普勒第一定律和第二定律，至少就可以确定某个行星的运动情况。如果我们将其翻译为瞬间运动的定律，也就是对其进行微分的话，情况会如何呢？如果不持续观察行星完整公转一周，就无法用开普勒定律确定其运动情况。也就是说，如果没有对火星运动的长时间持续观测，那么就无法把握火星的运动情况。那么，有没有方法能在非常短的时间内确定其瞬间运动的情况呢？这时就需要使用微分，使用微分就可以把握行星的瞬间运动情况。用微分表达的行星瞬间运动情况，也与牛顿的万有引力定律相合，即太阳和火星互相被引力吸引，这种引力的大小与二者距离的平方成反比。

牛顿的万有引力定律与开普勒定律在本质上是相同的，只不过表达的方式不同。开普勒定律需要观察行星公转的整体时间才能确定行星的运动情况，牛顿的万有引力定律则是把握天体瞬间运动的定律，二者在这一点上是大不相同的。

微分、积分与牛顿力学

牛顿的万有引力定律也可以看作微分定律，即在无穷小的时间中、在无穷小的空间范围内进行观察的定律。牛顿的万有引力定律是关于力的定律，即力与加速度成正比。这里的加速度，就需要在无穷小的时间中、在无穷小的距离之间进行观察，才能计算出来。所以从这个意义上说，牛顿的万有引力定律可以说是微分定律，而开普勒的定律则可以说是积分定律。牛顿用微分定律重写了开普勒的积分定律。如果将牛顿的微分定律还原为积分定律，则与开普勒定律完全一致。

也就是说，将开普勒的积分定律用笛卡儿的第二原则进行细分，就得到了牛顿的万有引力定律，而将其再次连接、组合起来的话，又会得出原来的开普勒定律。

积分定律与微分定律在本质上是相同的，二者可以相互转化，仅仅是表达方式不同而已。不过，从难易程度上来说，微分定律要更加容易操作，也更简单。如果仅仅是考察火星的运动情况，那么使用开普勒第一定律和第二定律所构建的体系还是可以应对的。但是，如果要考察其他行星（比如土星或木星）的运动情况，并将其纳入第一定律和第二定律的体系中，那么无论如何都需要开普勒第三定律。将越多大小不同的行星纳入开普勒的体系中，对第三定律的需求就会越高。

像开普勒这样悲惨境遇的人，在科学家中也是少有的。当时的德国正处于相当于日本战国时代一样的乱世，如果大家读过《猎巫》一书就会多少了解一些背景。当时，开普勒的母亲经受了"女巫审判"，遭受了残忍的刑罚。开普勒为了救他的母亲，也吃尽了苦头。可以说，开普勒的一生几乎都是在苦难与贫困中度过，但他在这样的人生中依然为世人留下了开普勒定律。开普勒定律虽然写在纸上不满一页，但它是科学史上第一级别的重要发现。

如前文所述，牛顿用近乎完美的定律描述了太阳系中太阳与行星之间的运动规律。牛顿的万有引力定律问世后，科学不仅仅能用来说明过去到现在的现象，甚至变得可以预测未来了。例如，科学可以预测下一次日食将于何年何月何日何时何分开始，其过程将历时几分钟几秒。像科学所具有的这种预测能力，是可以进行实证的，而这正是科学的独特魅力，也是牛顿力学所带来的强大威力。因此，牛顿力学的诞生，让科学发生了重大变化。牛顿时代的人，恐怕对这种天翻地覆般的转变大为吃惊。科学能这样精准地预测未来，这让当时的人们觉得科学已经变得无所不能。虽然有些夸张，但这种思潮还是自然而然地汹涌而至。其实，从某种意义上来说，太阳系的运动规律是极其简单、单纯的，所以其未来的情况才能被预测到。

但是，一般的现象并不像太阳系天体的运动那样单纯，所以无法精准预测。例如，纸片会以何种方式掉落，这个过程其实非常复杂。不过，牛顿力学中所使用的数学工具可以解决这类问题。这种数学工具便是微积分，特别是其中的微分方程。使用微分方程，我们可以对复杂现象进行分析和预测。有人认为，世间万物似乎都可以用微分方程来进行分析和预测。虽然有些夸张，但"数学是万能的"这一观点自然而然地出现了。由此也能看出，牛顿力学给当时人们的认知带来了怎样的巨大冲击。

　　天体的运动非常单纯，所以才能进行精准预测。越是对于类似天体运动这种单纯的情况，微积分越能发挥出强大的威力。

　　以笛卡儿为起点的近代数学，其中心便是由牛顿、莱布尼茨创立发展而出的微积分。如前文所述，微积分相当于精巧的相机镜头，能帮助我们观察各种现象。与玻璃制成的相机镜头不同，微积分的这种"镜头"能让我们细致地观察世界，并且对世界中的现象进行预测。与古代、中世纪的数学相比，近代数学的威力可谓大幅增强。

牛顿力学与相对论

　　当然，牛顿力学并非万能的。其实在牛顿的时代，便已经有了这种批判的声音。例如，除了地球之外，太阳也和许多行星之间存在引力作用，因此便有人指出了牛顿理论的怪异之处，即太阳的引力瞬间到达了这些行星，引力未经过任何过程就瞬间发生了作用。而指出这一点的人，正是牛顿的竞争对手莱布尼茨。牛顿将这种情况假设为远隔作用，即没有任何中间过程，力在瞬间直接传递到作用对象。不过，这种想法确实是非常奇怪的。如果没有任何中间过程，那么力也无法传递过去。就像声波在真空中无法传递一样，力不经任何介质就能传递是很奇怪的。另外，牛顿理论中说力能"瞬间"传递到作用对象，这也让人产生疑问。有人指出，声音的传递是需要时间的，就算是光也无法"瞬间"

传递。虽然光的速度很快，但光也以有限的速度传递，而牛顿理论中的引力却是以无穷大的速度传递的，这难道不奇怪吗？

确实，太阳和地球之间的距离，或者说地球与月球之间的距离，从宇宙整体尺度来看都是微不足道的距离。这种情况，或许我们可以勉强认同引力"瞬间"到达的说法，但是地球与银河系中的遥远天体之间的引力，也是"瞬间"到达的话，怎么看都会让人觉得不可思议。弥补牛顿力学这一缺陷的理论，正是爱因斯坦（1879—1955）的相对论。

根据相对论，引力绝不是"瞬间"到达的，而是和光一样，是以有限的速度传递的。这一结论看起来自然多了。新闻曾报道过一个发现，已有实验证明引力是以波的形式传递的。如果这是真的，引力是以无穷大的速度传递的说法就显得更加奇怪了。这确实是牛顿力学的一个缺点，不过对于太阳与地球、地球与月球之间的距离来说，把光的速度看作"瞬间"到达其实也没什么问题。地球与月球之间的距离约为 38 万千米，光只需要 1 秒多点就可以走完这段距离。无线电波与光类似，传递也需要花费时间，比如地球上的人和人造卫星之间进行通信，地球上的人说话，最远的人造卫星那边大约 0.1 秒后才可以收到。总之，把力看作"瞬间"到达，确实是牛顿力学的缺陷，但在牛顿时代，它被看作绝对真理。而构建这一理论的重要道具，便是我们刚才提过的微积分。

另外，牛顿力学对地球上的运动情况也适用，比如发射人造卫星时，其轨道就全都是用牛顿力学来计算的。在较小的距离中，将力看作"瞬间"到达基本上也不会出什么错。从某种意义上来说，人造卫星可以说是牛顿力学的代表性应用场景。牛顿研究出了太阳与行星的运动规则，这种规则并非人造之物，而是从远古时期就自然存在的。现在的人造之物，即人造卫星，利用牛顿发现的规律成功发射，这或许是人类第一次利用自然规律创造出人造天体。不过，从今天来看，牛顿力学并非绝对真理，但它可以看作接近真理的精密之物。发射人造卫星，没有必要去使用相对论理论，牛顿力学便足以应对。

函数是什么

现在，我们将介绍近代数学中诞生出的一个最重要的概念——函数。

函数一词在日语中并非日常用语，而是数学中的专用术语，但它对应的英语单词 function 在欧美的语言中是广泛使用的日常用语。查字典可以发现，function 的意思首先是"功能"。"功能"这个词，即便在日语中也是日常用语，比如说"胃有消化功能"，这谁都能听懂。但是，我们将 function 翻译为"函数"这一特殊术语后，反而让它变得有些晦涩难懂。

简单来说，我们可以将"功能"理解为"作用"。莱布尼茨最早使用的是"fonction"这个词，据说当时在德语中是没这个词的，而法国是当时的文化中心，所以他用法语写了这个词，也就是 fonction。

"函数"这个词，从字面上看给人一种"函中之数"的感觉，那么为什么 function 会被翻译为"函数"呢？其实日语中的"函数"一词来源于中国的汉字。中国人非常擅长将世界各国的语言翻译为音似意近的汉字，"函数"这个词便是出自中国人的妙笔。这个词的翻译非常贴切，"函"在汉语中有匣、箱之意，也拥有"箱中包含某物"的这层意思。这些意思中国人了然于心，而日本人却不明所以地将"函数"一词直接拿到了日语中，这或许是日本人不好理解"函数"的原因之一。

现在，日语中将"函数"的"函"替换成了在日语中与之同音的"関"，这并非出于日语汉字使用上的考虑，而考虑到了"関"在日语中有"功能"之意。日语中将"函数"写为"関数"后，日本人就很容易理解这个概念了。功能，就是发挥某种"作用"，这是最简单的词。单纯这样说可能不好理解，我们举一个现实中的例子来看一下。

最简单的例子就是车站的自动售票机。我们试着将其画成概念图，结果如图 1-3 所示。向自动售票机中投入钱，就会出来车票。例如，日本国铁中最便宜的车票价格是 30 日元，我们向自动售票机投入 30 日元，那么自动售票机就会吐出一张 30 日元的车票。这其实已经是一个函数了，我们取 function 的首字母，将其写为符号 f，然后用 f 来表示这个装置。

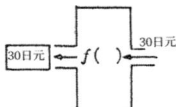

图1-3

也就是说，装置 f 具有将 30 日元转化为 30 日元车票的功能。装置 f 的实体化便是自动售票机。如果能联想到这一步，理解函数就很简单了。我们去车站看到自动售票机时，可以把它们看作一个个函数，这样的话，我们就能在日常生活中不断接触函数。购买车票时，我们用的就是函数。然后，售卖 40 日元车票的自动售票机又是一个不同的函数，具有不同的功能。如果把它也记作 f，就容易产生混淆，所以可以将其记作 g（图1-4）。售卖 50 日元车票的自动售票机则可以用 h 来表示。这样一来，车站里就遍布了各种不同的函数。

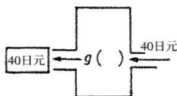

图1-4

对于函数这种装置发挥的作用，我们可以使用工程师经常用的两个概念来理解：将投入东西（比如钱）看作"输入"（英语中为 input），将装置吐出东西（比如车票）看作"输出"（英语中为 output）。这样一来，这个装置从某种意义上来说，就变成了忠诚地执行某种功能的机器人。用 f 来表示，我们可以将其写作 $y = f(x)$。这是一种类似于自动售票机的装置（图 1-5），向装

置里投入 x，装置就会输出 y，也就是说 x 是输入，y 是输出。

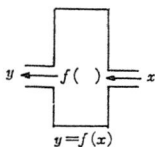

$$y=f(x)$$

图1-5

　　现在自动售票机已经非常普遍，所以大家向孩子介绍函数时，用自动售票机的例子就可以了，这可比以前方便多了。另外，我们很难将车站中的售票员看作一个装置。所谓装置，一定要像机器人那样，能够忠诚地去执行某种功能。这里的"忠诚地去执行"非常重要，如果可以灵活变通，那就不是函数了。比如，有人着急赶车但没带 10 日元的硬币，只带了 1000 日元的纸币，对这种情况，即使情况再紧急，有售票功能的装置也不会通融。以前乡下车站的售票员经常能通融这种情况，但自动售票机不会这样做。另外，只要向自动售票机投入 30 日元，无论是谁投入的，自动售票机都能吐出车票。将自动售票机视为忠诚地执行从输入到输出的装置，就可以将其表示为 f。

　　有一些学生不理解函数，很多情况是不理解这个 f 究竟是什么。那么 f 究竟是什么呢？只要将 f 看作一种执行某种功能的装置就很好理解了。实际上，这种讲解函数的方法，小学生、中学生都非常容易理解。

黑箱

如前文所述，函数是数学中非常重要的概念，在许多地方都有广泛应用。但它并非都是像自动售票机那样的实物装置，也有更加抽象的存在形式，比如一家公司也可以看作一个函数。对于一家生产型公司，其生产过程究竟是什么样的，我们从外部来看的话完全不清楚，只能看到有很多原材料被运了进去，还有从银行过去的资金。也就是说，公司存在好几个输入口。公司的输出口也有好几个，可以产出多种多样的产品。如图 1-6 所示，可以将这种生产型公司看作一种非常复杂的装置，这样就能解决很多实际问题。当然，这并不是说公司就只是一个简单的箱子，实际上，有很多人在里面工作，并产出一定的结果。这种情况在工程学中通常被称为"黑箱"。

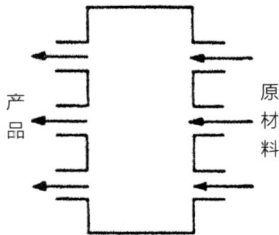

图1-6

为什么是"黑箱"呢？这是因为装置内部的具体结构，我们不知道也没什么关系。虽然搞清楚内部的结构也没问题，但大部分情况下只需要知道其产出的结果就足够了。自动售票机就是一个典型的黑箱——乘客向自动售票机中投入钱，自动售票机吐出车票。虽然车站的人如果不知道自动售票机的内部结构在维修故障时会比较麻烦，但对于乘客而言，了解自动售票机的内部结构并不是必要的。从这个意义上来说，自动售票机就是黑箱，我们在此用 f 来表示这个黑箱。

自动售票机也有一些非常复杂的机型，比如可以找零钱的机型。使用这种机型，可以用 100 日元购买 50 日元的车票。机器上投入 100 日元的输入口和可以按下的 50 日元车票的按钮，是机器的"输入"。机器的输出结果是车票和找零。如果把车票和找零看作从不同输出口出来的话，那么该机器的输出口有两个。所以这台自动售票机有两个输入口和两个输出口。尽管我们实际看到的结果是车票和找零一起从一个口出来，但其实内部还是两个不同的输出口，只不过它们在过程中汇合在一起然后出现在我们眼前。这样看来，这种能找零钱的自动售票机可以看作一种非常抽象的生产型公司。

银行其实也是一种黑箱。储户会来银行存钱，另外中央银行也会向其他银行输入很多东西。另外，借款人从银行借钱，产生的利息也会还给银行。这样看来，银行是一个有很多输入口的黑箱。黑箱这种东西，外部的人不了解其中的情况，只有内部的人知道。如果这样思考，那么就相当于进入了数学的轨道，能思考非常多的事情。比如，人类所创造出的非常抽象的组织都可以看作黑箱，只不过这些黑箱的输入口和输出口会有很多。

以上面的观点来看函数，函数就变得非常简单了。函数是某种"作用"，但将作用仅仅视为作用是很难把握的，因为"作用"是无形的、不可见的。以语言来举例，"东西"是一个名词，而"作用"是动词。动词要比名词难理解。这是橘子，这是纸，橘子和纸都是可见之物。但动词无法这样来描述，比如我们不会指着某样东西说"这是'走'"。如果不实际地走一走来展示这一动作，人就很难理解"走"这个动词。同样，"作用"这个动词也是不可见的，因此函数也变得难理解。不少人觉得搞不懂函数，其原因可能就在于此，因为其教授者可能并没有下功夫去将眼睛不可见之物变得可见。如果像我们刚才所讲的，用自动售票机的例子来说明函数，就会变得很容易理解。

在此，我还想举一个例子，诸位可以想象一下"隐形人"这种东西。《隐形人》是英国作家 H.G. 威尔斯的小说，现在也有相关的电影作品了。在《隐形人》中，人喝下某种药物后就会变为"隐形人"，其他人无法看到他。隐形人进入房间，房间里的人只会发现门莫名其妙地自己打开了，而看不到隐形人。另外，隐形人拿起电话的听筒放到桌上，房间里的人也只会看到电话听筒被拿开了。这种情况，其实就是只能看到"作用"的结果，而无法看到产生"作用"的本体。"门被打开""电话听筒被拿开"，这些结果无论是谁都能看懂。但是，从函数的角度来看这些结果的话，就能够理解眼睛所看不到的"隐形人"进入房间后所做的那些事情。这样一来，这些事情就很好理解了。电话听筒被拿开，如果我们能想象出"隐形人"坐在电话附近，并且拿开了电话的听筒，那么对结果的理解就会非常深刻。

函数就是这样的东西，如果能够想象出无形、不可见的"作用"的背后情况，那么就能很好地理解函数。这种理解方式，在日本至今为止的教学中并未提及。黑箱之所以比较好理解，是因为这种装置是可以实际看到的。我们先从这种可以看到的东西讲解，然后逐渐去想象看不见的东西就可以了。用这种观点来观察事物，就是函数的思考方法。

相当于函数的东西，其实在莱布尼茨之前已经存在很多。但是莱布尼茨明确提出了函数这一构想，这使得每个人都能从函数的角度去观察、思考事物，这是非常伟大的。虽然函数不会让事物本身发生变化，但是它能改变人看待事物的方式。也就是说，在函数诞生之前，f 这种东西是不可见的，这恰似我们前文中提到的"隐形人"。比如，$y = x^2$，这样写的话只是一个普通的等式，但我们也可以这样看这个式子，即在"平方"这一"作用"中输入 x 后，可以得到 y。用这种方式来看待这个式子，正是函数的思考方法。也就是说，$y = (\quad)^2$ 可以看作将某种东西从"平方"这一"作用"中抽离出来的形式。这种思考方法是莱布尼茨首创的。

如果以函数的角度看待以往的事物，我们会发现函数并不鲜见，但是函数这种思考方法本身是崭新的。在这一点上，数学与绘画、文学是相通的，即让人获得看待事物的全新角度与方法。

例如，在松尾芭蕉写出"静寂，蝉声入岩石"这一俳句之前，蝉在岩石上鸣叫的场景随处可见。在松尾芭蕉创作那首俳句之前，岩石和蝉鸣仅仅是岩石和蝉鸣，但松尾芭蕉的俳句让人们获得了一种全新的视角，即岩石和蝉鸣可以表现寂静。与之类似，戴上函数这副"眼镜"，就能够观察到各种各样的现象。没错，函数为我们提供了新的"眼镜"。再比如绘画领域中，凡·高创作了名为《向日葵》的一系列画作。向日葵是一种普通的花，而且已经存在很久了，但是凡·高的《向日葵》给了人们一种新的角度来观察向日葵。

就像我所举的这些例子，虽然事物很久之前就存在了，但是借助函数这副"眼镜"，我们就能看到各种各样的现象，这就是莱布尼茨所带来的改变。有了函数，我们就能更加深入地观察那些之前早已存在的事物和现象。

所以，函数这种构想是一种非常广泛的概念。一家公司或一所学校（学校在某种意义上也可以看作一个"黑箱"，学生进入学校，通过"教育加工"后毕业，这在某种意义上相当于输入和输出）都可以看作一种函数。人的身体从某种意义上来说也是一种函数，只不过是一种非常复杂的函数。机械则基本上都是某种"黑箱"，输入原料，进行加工，输出成果。这样来看，函数似乎无处不在。如果能以这样的观点来看待函数，函数就会变成非常容易理解的东西。如果你是家长，那么你的孩子在初中或高中时，很可能会向诸位提出"函数这东西究竟是什么"这一问题，届时诸位便可以像前文那样来回答，孩子就会比较好理解函数。

因果的法则

在此，我们必须得思考一个问题：为什么"函数"这个概念会在 17 世纪诞生，并成为近代数学的主要概念呢？

17 世纪被称为"科学革命"的时代，是一个自然科学取得飞跃性发展的时代。17 世纪自然科学发展的顶峰，毫无疑问是牛顿力学的发现。在这个时期，以万有引力定律为起点，自然中隐藏的种种法则被陆续发现。

绝大多数自然法则在描述时会表现为连接原因与结果的形式，即"如果存在某某原因，那么就会出现某某结果"，也就是因果关系的形式。

伽利略发现的自由落体就是一个例子。该定律描述了物体下落时，其下落时间与下落距离的关系。根据该定律，可由下落时间求出距离。将其写成公式，则如下所示。

$$S = \frac{1}{2}gt^2$$

这里 g 约为 $9.8 \ \mathrm{m/s^2}$。

将下落的时间视为"原因"，下落距离视为"结果"的话，这个定律就可以看作一个从原因导出结果的法则。

$$\text{结果} \ \leftarrow \ \text{原因}$$

$$S = \frac{1}{2}gt^2$$

将上面的式子写成从原因导出具体结果的形式，就可以得到下面的函数。

$$f = \frac{1}{2}g\left(\quad\right)^2$$

在这里相当于原因的"时间"是一个广泛意义的量，距离也是广泛意义的量。这个 $f = \frac{1}{2}g\left(\quad\right)^2$ 的函数，是一个从用量表示的原因导出用量表示的结果的"黑箱"。

$$结果 = f\left(原因\right)$$

这只不过是诸多自然科学法则中的一个例子而已，与这个例子类似，自然科学中的法则大多由诸多量之间的因果关系来表达，绝大多数可以写成数学中的函数形式。也就是说，函数可以说是一种表达量化因果关系的语言。

像这样，函数在17世纪的科学革命中发挥了非常重要的作用。函数也成了之后数学中的一个重要支柱。

像函数这样的概念，并不仅仅是在数学内部发展出来的。数学是科学整体的有机组成部分，从更广泛的意义上说，数学也是人类认识活动的一部分。

数学无法与科学及人类的认识割裂，它必须在和其他科学（比如物理学、天文学等邻近领域）的相互影响中才能得到健全发展。函数就是这种发展模式的一个典型例子。可以说，函数正是在17世纪科学革命的需求下诞生的。

我们也能从反面来验证这个观点。和算，也就是日本的数学，曾在日本江户时代急速发展，并在当时产生了毫不逊色于欧洲的种种成果。但是，那时日本的数学中并没有诞生函数的概念。这是因为在当时的日本，物理学、天文学不发达，数学无法从这些领域得到良好的刺激。在那个时期的日本，数学是孤立发展的，它的发展处于一种在内部闭门造车的状态。也可以说，那个时期的日本数学得了学问上的"孤独症"，而这种孤独症正是日本数学没有诞生函数概念的真正原因。

微积分用分析与综合的方法将函数研究推进到了一个新的阶段。当然，分析指的是微分，综合指的是积分。

在 17 世纪，函数是量化因果关系的表现方法。以此为起点，函数的意义得到了进一步扩展。现在，函数拥有了对应、映射、变换等更加广泛的意义。不过，作为函数发展的起点，函数在 17 世纪的意义在今天看来依然非常重要。

这种数学思考方法，一直到 19 世纪后半叶都是数学的主流。

当然，牛顿力学的"个性"是精密的，它始终贯彻了这样一种信仰，即如果能精密地得知定律和原因，那么就能精密地预测结果。可以说，牛顿力学正是当时"追求精密"的数学方法的典型代表。

统计法则的背景

不过，近代数学并非全都以"精密化"为目标，也诞生了在某种意义上是"半精密化"的学问，就是我们今天所说的"概率论"。"概率"这个词，相信大家都很熟悉了，现在新闻报道中经常使用它。概率这东西，没法说它是绝对精密的。它用来大体地把握事物，无法精密地找到原因，只能把握大体上的原因，得出的结果也是大体上的。

概率论诞生于近代，从某种意义上说，它是伴随资本主义一起诞生的。为什么这么说呢？这是因为概率论诞生的原因是"赌博"活动。过去在以农业为主的社会环境下，财产主要是指土地和田地，这些都没法方便地用于赌博。赌博中最方便的还是钱。当商业发展起来后，资本主义获得长足发展，金钱变得过剩时，赌博才会开始盛行。概率论这门学问就是在这个契机下被创造出来的。概率论诞生于16世纪左右的意大利。众所周知，意大利是资本主义最早的发源地之一。随着意大利资本主义的发展，赌博也在那里兴盛开来。

为了赌博，一个名叫卡尔达诺（1501—1576）的意大利人对概率论理论的创立做出了重要贡献。卡尔达诺是16世纪有名的学者，他多才多艺，在多个领域有诸多贡献，我们之前说过的三次方程的解法就与他有关（三次方程的求根公式，也被称为卡尔达诺公式）。不过，卡尔达诺这位学者却非常喜欢赌博。在其著作《游戏机遇的学说》中，卡尔达诺探讨了赌博中的概率问题，提出了许多关于随机事件的基本概念，这本书被认为是第一部概率论著作，对现代概率论有开创之功。此外，他在《大术》中讨论了赌博的策略，虽然他的理论并不系统，但为后来的概率论发展奠定了基础。

在卡尔达诺之后，推动概率论进一步发展的是法国的帕斯卡（1623—1662）和费马（1601—1665）。他们虽然自己不赌博，但是有非常热衷赌博的朋友，这些朋友向他们提出了类似于"在这种情况下，押哪边会更有利"的一些问题，在思索这些问题的过程中，"概率"这个概念便诞生了。帕斯卡和费马思索赌博问题的时期是 17 世纪初，当时社会上的金钱已经过剩，这也是资本主义充分发展的结果之一。

资本主义发展还带来了另一个变化，那就是人口的增长。人口的增长，催生了人口统计的需求。此时，管理者需要对社会现象进行群体化的观察。之前的统计多是针对个体，但当商业大繁盛，人口进一步增长后，统计的方向就转移到了群体上。例如，现在汽车已经普及，车的数量非常多。在这种情况下，交通管理者在决定路口的信号灯红灯多少秒、绿灯多少秒时，就必须以"在 1 秒内汽车会以多大概率通过该路口"为基础来计算。以前汽车很少的时候，路口红绿灯的时间随便设定就差不多。但是，当某些社会行为群体化后，这类决策就必须依靠概率论了。

如前文所述，资本主义带来的"赌博"及"统计需求"催生了概率论这门学问。

统计的方法

概率不能说是精密的。我们掷骰子时，无法保证一定会出现某个数。虽然无法保证，但是有的人希望能对这种行为进行预测，比如掷骰子的最终结果是大还是小。虽然无法精确得知这种结果，但是人们想知道"在某种情况下，押哪边会更有利"，非常渴望能在结果发生之前得到某种有利的提示。这种需求如果变得非常强烈，就会产生作弊行为。这种作弊行为，是为了使那些不确定的结果变得确定。但是，如果赌博都是这种形式，概率论也就不会诞生了。在不确定的情况下，尽可能地去预测结果，只有在这种环境下，概率论才能诞生。

概率论这种方法，也就是以大体上的精密程度去把握事物的方法，在对群体现象的把握中得到了广泛应用。如果想精密地知道某种群体的情况，那么就得一个一个地把握个体。但是如果大体上把握大量个体在相同条件下的活动，那么就算不是很精密，也能把握这个群体的倾向性。这种方法就是统计的方法。统计的方法并不精密，应该说是一种"半精密"的方法。人类社会中的现象，大致都可以用这种方法来把握。对于大量的人如何活动，我们只需要在大体上把握其整体的活动规律即可，而不需要去观察每个个体的具体活动。

例如，夏天傍晚的蚊子，如果我们一只一只地去追踪其活动的话，会发现它们的速度很快而且到处飞，让人无法着手调查。但是当蚊子聚集成为蚊群时，就会按照某种特定的方向进行移动，这时我们就非常好把握其活动了。这就是一种统计的方法。

虽然把人类比成蚊子非常不恰当，但是社会现象与蚊群十分相似，可以将其看作这种东西。在把握高度密集群体所关联的社会现象时，这种统计方法是非常有效的。这种方法可以称为"半精密科学"，它诞生于近代这一复杂环境中。现在，统计方法，或者说概率方法，可以说在数学中已经占了非常大的一部分。

1.4 现代数学

现代数学的特征

前文中，我们聊了聊古代数学、中世纪数学和近代数学各自的特征，下面再看一下现代数学有什么样的特征。

我们的主题是"数学容貌的改变"，"容貌改变"的意思是面容发生变化。在人的一生中，人本身不会发生变化，但面容可以千变万化。这种情况下，本质不一定发生了变化，但可见的面容确实在改变。现代数学正是这种情况，或者说是这种情况的典型代表。

大家可能不太了解现代数学。近代数学的核心部分是微积分，以此来思考，我们可以大致把握数学的"性格"。但是，在现在的数学教育中，除了大学的数学专业之外，大家接触到的数学都是到近代数学为止。从这层意义上来说，现代数学对于大家而言，可能是一种全新的思考方法，或者是非常令人意外的思考方法。甚至可以说，如果把之前学过的数学概念都忘掉，可能更利于我们理解现代数学。理解现代数学时，需要把数学中那些既有的概念暂且搁置，以一种了解全新事物的心态来学习，这样反而会更加容易理解。大家可能没想到数学还能这样学，对此感到非常吃惊，对吧？

现代数学诞生于 20 世纪，是数学史中最前沿的部分。外行人可能认为，现代数学是最难的部分，不懂数学的人肯定无法理解现代数学。但这种观点是错误的，对于不懂数学的外行人来说，现代数学反而有很多地方更易于理解。近代数学的核心部分是微积分，其思考方法很简单，只不过计算起来有些复杂。现代数学也一样，虽然有计算复杂的地方，但整体的思考方法可以说都是非常简单的。

几何学成为数学发展的分界线

从数学的历史来看，现代数学与之前的数学相比，其思考方法截然不同。明确提出现代数学的思考方法的，是数学家 D. 希尔伯特（1862—1943）。他于 1899 年出版了著作《几何基础》，其中清晰地提出了现代数学的独特思考方法。

回顾之前的数学历史可以发现，古代数学发展到中世纪数学的契机是欧几里得的《几何原本》，这也是一本与几何学相关的书。中世纪数学发展到近代数学的契机，是笛卡儿的《几何学》。推动近代数学向现代数学发展的，则是希尔伯特的《几何基础》。数学的历史阶段的分界线都是几何学，这真是一件非常有趣的事。

为什么几何学会成为数学发展的分界线呢？几何学可以说是以"数学世界与我们所生活的现实世界之间的联系"为研究对象的学问。几何学中必须确定点、直线究竟是什么，如果不确定看待这些东西的方法，那么几何学就无法展开。虽然其他学问中也有这种问题，但不会像几何学这样清晰地来面对这类问题。我们该如何看待我们居住的世界，或者说如何看待所有客观存在的事物，在这类问题上有着多种多样的思考，而几何学所直接面对的，就是我们在这类问题上的态度与思考。我认为这是几何学能够成为数学发展分界线的重要原因。

在之前的欧几里得几何中，欧几里得设定了几条任何人都不会对其有疑问的自明之事作为公理，然后通过对公理的组合推导出复杂的事实。希尔伯特的《几何基础》的最初目标，就是给欧几里得几何构建正确的基础。欧几里得几何中虽然有几条公理，但这些公理非常不完备。这些公理不仅不完备，而且有一些是多余的东西，有一些则缺少内容。所以希尔伯特的出发点便是，将这些公理中多余的东西删掉，再将必要的部分全都补充进去，即打造一个能让欧几里得几何成立的必要且充分的公理体系。欧几里得的公理并不是逻辑性的，而且掺杂了很多奇怪的内容。另外，欧几里得几何还经常在证明中悄悄地将不是公理的东西作为公理来使用。这些内容都是需要删除的。这便是希尔伯特想要做的事，但如果仅仅以此为目标，看上去好像也没有什么了不起。因此，任何人都没想到，希尔伯特做的这件事给数学整体带来了巨大的影响。

未定义概念

欧几里得几何首先定义了作为几何学出发点的点、直线、平面究竟是什么。欧几里得几何认为"点是没有部分的东西",也就是说点自身不具有部分。"不具有部分"的意思是,点不可再继续分割,即认为点是没有大小的东西。直线的定义则是"直线是笔直的东西"。这些定义实际上说明了几何学中使用的点、直线、平面等概念与现实之间的关联。

不过,希尔伯特没有做类似的事,他没有为点、直线、平面等概念确定一般意义上的定义,而是将它们统称为"未定义概念"。在阅读《几何基础》时要格外注意,虽然希尔伯特将点、直线、平面作为日常用语来使用,但他的头脑中所描绘的这些东西,与日常用语中的完全不同。这一点普通人可能觉得非常难理解,但如果能理解这件事,差不多就可以理解现代数学一半以上的内容了。这可以说是一个难点。

为什么希尔伯特会从"未定义概念"出发呢?后文中我会详细解释。不过,可以先说一点,从"未定义概念"出发,可以说是希尔伯特几何与欧几里得几何的根本性区别。当然,希尔伯特的这种构想也并不是突然出现的,其中包含了数学历史的许多积淀与发展成果。

例如,早在希尔伯特之前近百年的时间里,几何学中已经出现了"对偶原理"的相关内容。"对偶原理"出现在"射影几何学"

中，这种几何学只研究点与直线，暂且不将曲线考虑在内。也就是说，光照射直线时会映射出直线，照射点时会映射出点，暂不考虑曲线。在射影几何学中，假设有一条关于点与直线的定理是成立的，那么在这条定理中，可以将"点"替换为"直线"，将"直线"替换为"点"。相应地，"相交"可以替换为"相连"，"相连"也可以替换为"相交"。这样一来，该定理同样成立。这就是有名的对偶原理。

在我们之前的印象中，"点"是用笔尖在纸上点出的记号之类的东西，"直线"则是用尺子画出的线。但是在"对偶原理"中，"点"和"直线"是可以互相替换的。此时的"点"，在某些情况下，可以看作普通意义上的"点"，但将其看作"直线"也没问题。同样，"直线"既可以看作普通意义上的"直线"，也可以替换为普通意义上的"点"，这都没问题。这就是希尔伯特构想"未定义概念"的契机之一。也就是说，与其说没有给"点"确定定义，不如说是根据实际的关联来确定"点"是什么。这实际上是一种灵活变通的方法，没错，"未定义概念"就是为了这种便利性。

希尔伯特恐怕是近百年来最伟大的数学家之一，他非常喜欢颠覆性的反论。在出版《几何基础》时，他对其中的"未定义概念"这样描述："我在此所说的点、直线、平面，将其替换为桌子、椅子、啤酒杯也完全没问题。"这让世人非常震惊。这就是"未定义概念"。虽然希尔伯特的书里并没有真的说桌子、椅子、啤酒杯，但他就是这种喜欢用这类刺激性表述的人。不去定义东西具体是什么，这样会比较方便。至于如何确定某种东西当下是什么，这由被称为"点"的东西与被称为"直线"的东西之间的关系来决定。这就是公理，也是《几何基础》的基本思考方法。

由于这种思考方法的出现，20 世纪的数学也诞生了新的思路。大家可能觉得这是一种很奇怪的方法，但是仔细想一想的话，会发现这种方法在以前的数学中也存在。

代数中的 x 与 y，在某种意义上可以是任何东西，也就相当于"未定义概念"。x 的取值，最开始可以是整数、有理数、实数等，但不少情况下，其取值并不会一开始就确定下来。比如在解二次方程时，x 最初被认为是实数，但现在也可以是虚数了。这就是最初未考虑其究竟是什么的方法，该方法非常灵活，可以直接去描述未经定义的 x 与 y 之间的关系。

这种构想虽然之前也有雏形，但是希尔伯特将其彻底发展为系统的方法。之前我们说过数学的容貌发生了改变，出现了新的思考方法，现在想来，数学中的新方法其实大多在以往就已经存在了。那种彻头彻尾的崭新构想是非常稀少的，大多数情况是研究者调整以往构想的形式，然后将其整理、表达出来。

像这样，希尔伯特在《几何基础》中，将确定"未定义概念"之间关系的东西作为公理，并以此展开研究。像这样彻底的思考方法，在希尔伯特之前是不存在的。

希尔伯特的这种思考方法，用现代的方式来说，就是"结构"的方法。结构的英语单词是 structure。

不过，要理解结构的话，必须具有"集合"这一背景知识。为了理解结构，下面我们来聊一聊集合的相关内容。

集合是什么

最近，"集合"这个词似乎流行起来，一个原因可能是"集合"出现在了现在的小学数学教科书中。

数学中的"集合"，可能大家并不太熟悉。虽然我们在日常对话中也会使用"集合"这个词，例如"明天早上 8 点在车站前集合"，但此时的集合是作为动词来使用的。数学中的"集合"则是一个名词，可以说是"聚集在一起的东西"。"集合"作为名词的用法，在日常语言中很少看到。

即便如此，"集合"也并非什么特别难的东西。关键在于，我们可以从日常思维中"聚集"的思考方法出发，然后逐渐过渡到数学中严密的"集合"概念。

数学本来就无法与我们的常识世界完全割裂开来，而且很多地方与常识世界联系密切。例如，数学中的"直线"与我们日常语言中所使用的"笔直的线"其实并无二致。

不过，我们日常语言中会有"铁轨如笔直的线一般"的说法，这我们都能理解是怎么回事。但是，我们不能用数学中的"直线"去形容铁轨，因为数学中的"直线"是没有宽度的。

也就是说，数学中的"直线"是以日常世界中的"笔直的线"

为基础，通过抽象加工而成的严密的东西。

　　同样，日常所说的"聚集之物"与数学中的"集合"也是如此。我们在日常语言中可以说"聚集在日比谷公园的人"，这没有问题。但是如果用数学的"集合"来说这句话，说成"在日比谷公园的人的集合"，这就有问题了。

　　为什么会有问题呢？数学里的"集合"又究竟是什么呢？我先来说一下"集合"的首要条件吧。

　　集合的首要条件是"封闭性"。

　　某个房间里有一些人，把房间的门关上，此时"房间内的人的集合"的说法就有了数学上的意义。也就是说，它清晰地表达了这样一种意义：这个房间中的人是该集合的一员，而房间外的人则不是该集合的一员。

　　但是，"在日比谷公园的人的集合"的说法，即便抛开语言上的语法错误不谈，单从数学的角度来说也是有问题的。

　　这是因为，在"在日比谷公园的人的集合"的描述中，并未清晰地界定出一个人究竟是否为该集合的一员。比如公园门口的出入人员往来不绝，这些人是否为该集合的一员，并没有清晰地界定出来。在之前房间的例子中，当房间的门被关上时，房间里的人就被清晰地界定为是那个集合的一员了。这其实就是集合的封闭性。封闭性是集合的第一条件。

　　"个子高的日本人的集合"这种说法，在数学上也是不成立的，因为"个子高"并不是一个明确的标准，无法将集合的成员清晰地界定出来。

　　像我所举的例子那样，集合中会包含成员。我们将集合记为 E，将集合的成员记为 a。对于集合 E 来说，其成员 a 就成为 E 的"元素"。我们可以用"a 属于 E"来表述这种关系，用式子表达如下。

$$a \in E$$

与之相反，"a 不属于 E"则可以用如下的式子表示。

$$a \notin E$$

E 是否为数学意义上的集合，可以通过看任意 a 是否可以清晰地判断

$$a \in E$$

或者

$$a \notin E$$

来知晓。

　　另外，关于集合还有一点需要说明，即集合并非都是实际物体的集合。我们说"桌子上的书的集合"，此时集合的元素是真实的物体。当我们说"一周所有日子的集合"时，其元素就不是实际物体了。我们将"一周"这个集合记为 W，则这个集合可以写成下面这种括号的形式。

$W = \{$星期一, 星期二, 星期三, 星期四, 星期五, 星期六, 星期日$\}$

　　这其实是对集合中的元素进行了列举，并用括号把元素包裹了起来，也就是下面这种形式。

$$集合 = \{元素, 元素, \cdots, 元素\}$$

例如，"大于 5 且小于 10 的整数集合 E"就可以如下表示。

$$E = \{6, 7, 8, 9\}$$

除了像这样列举集合元素的方法外，还可以通过描述"满足集合元素的条件"来表示集合的全部元素。

例如，"国铁所有车站的集合"，这是一个符合数学标准的集合，但其元素众多，一一列举非常麻烦。

此时，我们就可以通过描述"国铁的车站"这个条件来表示全部元素。将这个集合记为 A、其元素记为 x 的话，用式子可如下表示。

$$A = \{x \mid x 是国铁的车站\}$$

这种表示方法与英语中的关系代词的用法非常相似。式子中的第二个 x，就相当于英语中的 which，后面的 x 的条件则相当于 which 后的文字表述。

包含与被包含

现在，我们需要考虑两个集合之间包含与被包含的关系。例如，我们将"东海道新干线'回声号'经过的车站的集合"如下记为 A。

$$A = \{东京, 新横滨, 小田原, 热海, 三岛, 静冈, 滨松, \\ 丰桥, 名古屋, 岐阜羽岛, 米原, 京都, 新大阪\}$$

再将"'光号'经过的车站的集合"如下记为 B 。

$$B = \{东京, 名古屋, 京都, 新大阪\}$$

可以发现，B 的元素都含在集合 A 中（图 1-7），也就是说，B 是 A 的一部分。此时，我们称 B 是 A 的子集，可以如下表示。

$$B \subseteq A$$

包含符号下面的"–"，是指两个集合相等时的情况，这个符号有点像比较数的大小关系时用的 $\leqslant$ 。

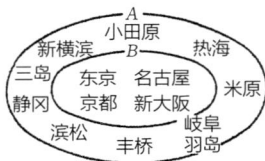

图1-7

与之相对，正如两个数之间可以通过 $+$ 和 $\times$ 等操作制造出第三个数，集合也存在类似的操作。比如将某年的星期日的集合记为 A ，再将该年节假日的集合记为 B ，那么该年中既是星期日又是节假日的日子就是同时属于 A 和 B 的日子。也就是说，将该年中既是星期日又是节假日的日子记为 C 的话，集合 C 是 A 和 B 的共同部分，称为 A 与 B 的交集。这种关系可以如下表示。

$$C = A \cap B$$

也就是说，对于 $c \in A$ 且 $c \in B$ 的所有 c 的集合 C ，满足 $C = A \cap B$ （图 1-8）。

与之相对，属于 A 或者属于 B 的元素的集合，则称为 A 与

B 的并集，记为 $A \cup B$ （图 1-9）。

图1-8   图1-9

在这里，我们通过两个集合 A, B 制造出了其他的集合 $A \cap B, A \cup B$ ，这与通过两个数 a, b 制造出 $ab, a + b$ 非常相似。

集合与形式逻辑

我们将集合 E 用满足其条件的形式写出来，即

$$E = \{x \mid x \, \text{是} \cdots\cdots\}$$

在这里，

$$x \, \text{是} \cdots\cdots$$

相当于以 x 为主语的一个命题，我们将这个命题用 $P(x)$ 的形式来表示。这里，"是……"相当于 $P(\quad)$ 。也就是说，这种形式连接了主语 x 与谓语 $P(\quad)$ 。用这种方式来思考的话，$P(x)$ 就可以称为以 x 为变量的命题函数。集合 E 即满足 $P(x)$ 为真的所有 x 的集合。

$$E = \{x \mid P(x)\}$$

到最后，还是由谓语 $P(\quad)$ 来确定集合 E 。

E 可以称为 $P(x)$ 的真理集。至此，集合与逻辑学连接在

了一起。

让两个命题 $P(x)$ 与 $Q(x)$ 同时为真，也就是 $P(x)$ 且 $Q(x)$ 为真的集合，是二者真理集合的交集。将 " $P(x)$ 且 $Q(x)$ " 写为 $P(x) \wedge Q(x)$ ，并分别将两个命题表示为集合，

$$\{x|\ P(x)\} = A$$
$$\{x|\ Q(x)\} = B$$

则可以得到如下结果（图 1-10）。

$$\{x|\ P(x) \wedge Q(x)\} = A \cap B$$

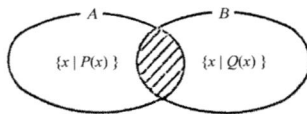

图 1-10

同理，将 " $P(x)$ 或 $Q(x)$ " 用 $P(x) \vee Q(x)$ 表示的话，能得到如下结果（图 1-11）。

$$\{x|\ P(x) \vee Q(x)\} = A \cup B$$

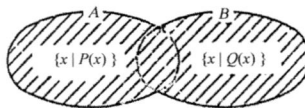

图 1-11

此外，将 $P(x)$ 的否定表示为 $\neg P(x)$ ，则 $\neg P(x)$ 的真理集合为 $P(x)$ 的真理集合 A 的补集 $\complement A$ （图 1-12）。

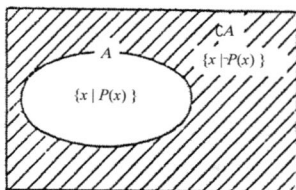

图1-12

像这样，集合世界中的"∩, ∪, ∁"与命题世界中的"∧, ∨, ¬"便对应起来了。

合成与分解

我在上一小节讲述了形式逻辑学与集合之间的关系，但集合的意义绝不仅限于此。集合中还存在一种"直积"的方法，可以通过两个集合创造出一个全新的集合。

例如，日语 50 音中的 k 行、n 行、m 行和 r 行共有 20 个音，子音的集合

$$A = \{k, n, m, r\}$$

与母音的集合

$$B = \{a, i, u, e, o\}$$

组合可得出如下集合。

$$C = \begin{cases} ka, na, ma, ra \\ ki, ni, mi, ri \\ ku, nu, mu, ru \\ ke, ne, me, re \\ ko, no, mo, ro \end{cases}$$

由 A 与 B 像上面这样创造出来的集合 C，就称为 A 与 B 的直积，表示为 $C = A \times B$。

或者可以说，在 C 诞生的那一刻，将其表示为 $A \times B$，则 $A \times B$ 就称为 C 的直积分解。

直积分解最鲜明的例子就是坐标。在坐标系中，平面上的点 P 用两个实数的组合 (x, y) 来表示，这实际上是将平面上的点的集合分解为两个实数集合的直积。

集合中的这种方法，可以将复杂的东西分解为简单的东西，也可以反过来将简单的东西合成为复杂的东西。这种方法恰好与笛卡儿的分析与综合的方法相通。

我们还可以看出，如果 A, B 都是有限元素的集合，那么 $A \times B$ 的元素个数是 A, B 的元素个数的乘积。

对应与映射

我们来进一步比较两个集合。当从一个集合向另一个集合进行变换或映射时，就会有问题浮现而出。

举个例子，将选举人的集合表示为

$$A = \left\{ a_1, a_2, \cdots \right\}$$

将被选举人的集合表示为

$$B = \left\{ b_1, b_2, \cdots \right\}$$

当进行单选投票时，即每个选举人只能选一个被选举人时，就会

产生类似

$$a_1 \rightarrow b_2$$
$$a_2 \rightarrow b_4$$
$$a_3 \rightarrow b_1$$
$$\cdots\cdots$$

的对应，也就是从 A 的元素到 B 的元素的对应。这种投票的结果一共有多少种呢？实际上会有非常多。如果 A 有 3 个元素，B 有 2 个元素，

$$A = \{a_1, a_2, a_3\}$$
$$B = \{b_1, b_2\}$$

那么，投票结果（从 A 到 B 的对应）会有 $2^3 = 8$ 种。我们可以发现，当 A 有 m 个元素，B 有 n 个元素时，从 A 到 B 的对应方式共有 n^m 种。

由此，我们将从 A 到 B 的对应或者说映射的整体用 B^A 来表示。这种表示方法，意味着我们已经把目光转向从集合 A 到集合 B 的映射，或者说承担变换这一行为的媒介之物。

上面我说的主要是具有有限个元素的集合，也就是有限集合，而将这种方法推广到无限集合的，是 19 世纪后期诞生的集合论。

集合论是由格奥尔格·康托尔（1845—1918）创造出的。集合论这门学问有什么样的"性格"呢？下面我们就来聊一聊这方面的内容。

数学原子论

集合论的第一个特征是"原子论"，这与古希腊自然哲学中的原子论相同。原子论认为，万物的最小单位是原子，原子无法再进行分解。从这层意义上来说，集合论可以说是数学世界的原子论。例如，在集合论中，线段可以被看作点的集合（当然是无限集合）。换言之，这是用"点"这种原子将线段分解了。只不过在这个分解过程中，会产生无限集合这种比较麻烦的东西。

像这样，集合论为数学的所有领域导入了原子论的方法。

空间性

集合论的第二个特征是，它是空间性的，而不是时间性的。

关于"无穷"，自古以来存在两种对立的看法。一种看法是"可能性的无穷"，这是以亚里士多德为代表的观点。

$$1, 2, 3, 4, \cdots$$

像这样逐个数自然数①，虽然永远无法结束，但也存在突破并超越界限的可能性。也就是说，"无穷"是可以从"超越界限的可能性"的角度来把握的。"数数"这一行为是在时间的流动中产生的，所以这是一种时间性的无穷。它面向未来，并且是开放的。

对于这种"可能性的无穷"，康托尔使用了"实无穷"来处理，

---

① 在中国，对自然数的规定中还包括 0。在日本数学界，对自然数的规定中不包括 0，因此本书中所有出现的自然数均不包括 0，特此说明。

这种无穷在数起来时是无穷无尽的。例如线段上的点的集合，这个集合上的点会因"逐个去数"这一行为而一个个独立出来，这样一来我们也能认为这些点都是实际存在的。所以，这些点在时间上是自由的，同时我们也能将其视为存在于空间之中的东西，而空间是封闭的。

将这种思考方式带入数学世界的正是康托尔。与康托尔这种观点非常类似的无穷观，其实早已由奥古斯丁（354—430）等人提出。

"全知全能的神"能在一瞬间看透过去到未来，也就是看透"永远的现在"，这种说法其实就是消除了时间性，将一切从空间的角度来考察。

因此，两种对立的无穷观可以说是时间性与空间性的对立。将它看作有限的情况，就是基数与序数的对立。基数是从"数数"这一行为中独立出来的概念，它是空间性的；序数则是"数数"这种行为本身，它是时间性的。

据说在印第安人的某个部落的语言中，天数的记法使用的是序数，而非基数。确实，第 1 天和第 2 天并不能同时存在，这种有些固执的思考方法反而有说得通的地方。"2 天"这种用基数来表示天数的方法，是将时间性的东西用强空间性的方法来考察的结果。将这种思考方法发展透彻的话，就是集合论了。

如前所述，集合论可以说是一种原子论，是空间性的东西。集合论的这种特征具体是如何体现的呢？下面我们就来讲一讲。

一一对应

首先，集合论中最重要的思想就是一一对应，我先来讲解这个部分。如图 1-13 所示，一张桌子上放着 5 本书，这些书的集合记为如下形式。

$$A = \left\{ a_1, a_2, a_3, a_4, a_5 \right\}$$

另一张桌子上放着 5 个盒子，其集合记为如下形式。

$$B = \left\{ b_1, b_2, b_3, b_4, b_5 \right\}$$

a_1 的盒子是 b_1，a_2 的盒子是 b_2，以此类推。这样一来，A 与 B 就直接构成了图 1-13 中右图这样的一一对应的关系。

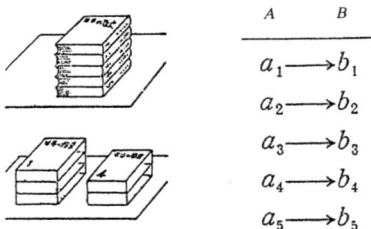

图1-13

我们观察集合 A 可以发现，5 本书是按照第 1 卷到第 5 卷的顺序摞在一起的，也就是说，集合 A 中的各个元素存在"一摞书中的上与下"的关系。

集合 B 中则不存在这种"上与下"的关系，而是分成了一边 2 个、一边 3 个这样的两摞。也就是说，A 与 B 的元素之间存在的关系的类型是不同的，即 A 与 B 的结构是不同的。尽管如此，A 与 B 还是存在一一对应的可能性。

　　在集合论中，此时的 A 与 B 便被视为具有同样的价值，即同值。也就是说，集合论中无视了 A 与 B 的结构。在这层意义上，A 与 B 这两个同值的集合，都会被赋予"5"这个共同的名字。

　　这并不是什么新的东西，当人类思考出 $1, 2, 3, \cdots$ 这些数时，就已经知道了这种思考方法。所以，这种构想本身是非常古老的。康托尔的创新之处在于将"一一对应"这种构想扩展到了无限集合中，进而推开了无穷世界的大门。

无限集合

　　当 A, B 两个集合是无限集合，它们的元素之间可以进行一一对应时，我们称" A 与 B 同值"或者称它们"具有相同的基数"，记为如下形式 [①]。

$$A \sim B$$

　　到这里，情况和有限集合并无二致，但之后就会产生有限集合中不会产生的异常情况。

　　例如，A 为全体正整数的集合

$$A = \{1, 2, 3, \cdots\}$$

B 为全体正偶数的集合

$$B = \{2, 4, 6, \cdots\}$$

时，我们能发现，B 明显是 A 的子集，是 A 的一部分，即

$$B \subset A$$

---

① 此处为日本对"集合具有相同基数"的表示方式。在中国，一般使用 $\mathrm{card}(A) = \mathrm{card}(B)$ 来表示集合 A 与集合 B 的基数相同。

但是，将 A 的各个元素与 B 中的正偶数（A 的元素的 2 倍）相对
应，可得如下结果。

$$
\begin{array}{ccc}
A & & B \\
1 & \rightarrow & 2 \\
2 & \rightarrow & 4 \\
3 & \rightarrow & 6 \\
& \cdots\cdots &
\end{array}
$$

那么，A 与 B 之间就可以建立一一对应的关系了。也就是说，A
与 B 同值，即得出一个奇妙的结论——部分与全体相等。

像这样，康托尔以"一一对应"为武器闯入了"无穷"的世界，
然后遭遇了一件不可思议的事情。那就是，直线上点的集合与平
面上点的集合同值。

在直觉上，我们会觉得平面上的点明显多于直线上的点，但
二者的数量其实是相等的。也就是说，二者可以用一种恰当的方
法建立一一对应的关系。

康托尔证明直线上的点与平面上的点一样多时，他自己也难
以相信这件事情。对于这件事，他在给朋友的信中写道："虽为眼
见之实，却难以置信。"这件事不仅令康托尔震惊不已，也在当
时的学界掀起了轩然大波。我们思考一下能够发现，直线上的点
与平面上的点能恰到好处地建立一一对应的关系，这种对应与我
们前文中提到的书本与盒子对应的例子相同，都是无视了两个集
合的内部结构。在直线与平面的情况下，我们所说的结构是指"远
与近"的关系的结构。具体来说的话，就是用距离较近的两点去

对应距离较远的两点。

上面就是集合论的基本思考方法。当一些具体的东西聚集在一起的时候，这些元素之间会存在某种关系，即具有某种结构。

但是，一一对应这种方法会将这些"结构"置于一旁，或者说这种方法具有一种"抽象"功能。也就是说，集合论可以将所有的东西分解到原子层面。

集合与结构

我们先来重新看下集合（set）与结构（structure）这两个概念。集合这个概念，简单来说，就是物体聚集在一起，英语中用 set 来表示。例如，桌椅组合这种形式就是将桌子和椅子聚集起来。在家具店，桌椅组合会作为一个整体来销售，这种形式其实就是一个集合。

事实上，聚集的物体可以是任何东西，不是实体的东西也可以，它们可以是我们脑中想出的"东西"。比如，一周七天的集合，星期一、星期二……星期日，用数学的形式可以如下写出

$A = \{$星期一, 星期二, 星期三, 星期四, 星期五, 星期六, 星期日$\}$

这就变成了集合 A。

像这样，集合所指的物体聚集是非常广泛的概念，但它有一个非常严格的标准，那就是必须清晰地界定出元素的范围。比如，

"这个房间中的人的集合",这个说法虽然非常清晰,但是如果房间的门开着,人不停出入房间,那么就会出现无法准确地确定某个人是否在这个房间里的情况,也就无法将这个说法视为集合。再比如,"这个房间里个子高的人的集合",我们也无法将其视为集合,因为不清楚"到底多高才算个子高",也就无法界定集合的成员。再比如,"东京涩谷忠犬八公像前聚集的人的集合",这种说法同样不清晰,因为在八公像前坐着的人算聚集在那边,在八公像附近闲晃的人也可以算聚集在那边,也就是说聚集的标准非常不清晰。范围标准不清晰的话,聚集就无法成为集合。

集合就是这样的东西。在 19 世纪末期,集合论进入了数学世界。我们刚才所举的例子,展现的是有限物体的集合,房间里的人的集合,人数是有限的,但这并不是集合论的目的。集合论的目的在于研究无穷物体的集合。集合论成为一种巨大的刺激,让"现代数学"得以诞生。可以说,集合论是数学史上革命性的理论。

我们在此没有过多触及此方面内容,但数学中的集合,其重点在于无限集合。比如全部正整数的集合 $1, 2, 3, 4, 5, 6, \cdots$,这个集合的元素有无穷多个。再比如,线段上点的集合也是无穷的。将这些无穷无尽之物转化为集合,就可以研究它们的各种性质,而这都归功于 19 世纪末期诞生的集合论。

结构是什么——同构

集合是现代数学诞生的原动力之一。不过，在集合之后，数学中也产生了"结构"这一概念，这究竟是什么东西呢？

将集合与结构两个概念放在一起说，大家可能会更容易理解。结构是什么呢？我们可以说结构是对集合的一种添加物。集合仅仅是指元素聚集在一起，并未考虑元素之间存在的关系。结构则规定了集合元素之间拥有什么样的关系，或者可以说定义了这种关系。

结构这个概念，用建筑物来说明的话会非常好理解。建筑物并非天然存在，而是人类建造出来的。人在建造建筑物之前，首先需要搜集建筑材料，并将材料搬运到建造地。建造地上的建筑材料，此时的状态可以说就是一个集合，各个元素之间没有任何关系。但是，将建筑材料组合在一起时，每个建筑材料之间都会产生关系。例如，在这个石头上立这根柱子，这根柱子与那根柱子连接起来……也就是说，集合中的各个元素之间，在某种关系下相互连接起来，这样就可以建造出建筑物了。数学中的结构就是这种东西。

当然，建筑是由实体材料建造而成的，而数学中的结构并不局限于实体的东西，而是更加广泛的东西，即类似于"概念的建筑物"。例如，星期一、星期二……星期日，一周七天并不是实际物体，星期一、星期二等都是概念。实际物体会具有质量和体积，而概念则没有，我们只不过是将概念也作为物体来思考罢了。不过，一周七天的集合，该集合的元素之间实际上存在着某种关系。例如，星期日的后面是星期一，也就说"后面一天"这种关系将星期日和星期一连接了起来，这就是它们之间的关系。按照这种关系，一周七天会形成一个循环（图 1-14），我们可以用箭头把这七天连接起来。这样思考的话，它就成了一个结构。明白了这类结构，我们就能做出多种多样的判断，比如用循环的结构来理解历法。也就是说，这类结构可以让我们更加迅速地做出判断。从这层意义上来说，结构对于我们而言就是认知的原型。

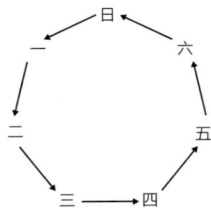

图1-14

我再来举两三个例子。这里的关键点在于，得是具有某种关系的东西。这些例子都是非常常见的事物，但结构就是这么具有普遍性的概念。

例如，体育比赛中有"循环赛"这种模式，而这之中的"三方互克"的关系，其实在很多事物中都存在。最常见的例子就是猜拳游戏中的"石头、剪刀、布"：石头胜过剪刀，剪刀胜过布，布胜过石头。其实猜拳游戏的种类有很多，但将其看作集合的话，其元素之间的关系（强弱关系）如图 1-15 所示。

石头 ⟨ 布

剪刀

图1-15

可以说，猜拳游戏整体都使用了一种结构，也就是日语中所说的"三方互克"的关系。我们在玩猜拳游戏时，头脑中会随即出现这种结构，然后根据这种结构来选择出哪个手势。或许我们不会以图 1-15 的这种形式来记住这种结构，但关键在于我们会记住三者之间的这种循环关系。如果具有这种关系的结构仅仅存在于猜拳游戏中，那么人们就没有必要特意创造"三方互克"这种说法了。之所以会有"三方互克"的说法，是因为世间有非常多的东西具有这种关系。虽然"三方"的具体东西可能不同，但三者之间的关系都是这种结构。

大家或许有些了解，在日本的文化中存在一种普遍的"三方互克"关系，即蛇、青蛙、蛞蝓之间的关系（图 1-16）。当然，蛇、青蛙、蛞蝓的"三方互克"关系，其结构也与"石头、剪刀、布"相同。现在我们回到刚才提到的建筑物的例子上，建筑中有集合住宅的类型，在集合住宅中，每家每户的装修可能各不相同，但房屋的设计是相同的，也就是结构上的同构。

蛇 ⟨ 蛞蝓

青蛙

图1-16

再比如，日本以前还有一种"三方互克"关系，即村长、枪、狐狸之间的关系（图 1-17）。以前村长负责管理枪支，所以村长胜过枪；枪可以射杀狐狸，所以枪胜过狐狸；狐狸则可以骗过村长，所以狐狸胜过村长。这三者之间的结构，也与"石头、剪刀、布"的结构相同。

村长 $\longleftarrow$ 狐狸

枪

图1-17

我们能发现，这里的关键在于元素之间具有相同的关系模式。"模式"一词在日常语言中很普遍，当有人说出"三方互克"时，我们能马上明白其中的关系。比如某年东京六所大学棒球比赛的结果，如果有人说庆应大学、早稻田大学、明治大学已形成"三方互克"的局面，那么我们听到后，马上就能明白是怎么回事了。

对于不同东西之间的相同模式，人类的思考能力能够很轻易地分辨出来，所以"三方互克"这种思考方法作为一种模式是有效的。人类本身就具有捕捉这类模式的能力，能够发现不同事物之间相同的结构,也就是"同构"的情况。当认识其他不同事物时，对于事物之间的关系，人类也能够调用那些相同的模式来进行认知。数学中之所以会存在"结构"这种东西，其实是因为数学是人思考出来的学问。从这个角度来说，"结构"是非常重要的一个概念。

为了避免误解，这里有必要说一下。结构绝不仅仅指"三方互克"，而且数学家也不是在研究这么简单的东西。之所以举了很多"三方互克"的例子，仅仅是因为它比较好理解。下面再来举个其他结构的例子。

比如人的血型，虽然最近血型的种类变得越来越多了，但主要的类型还是我们熟悉的那四种：{O, A, B, AB}。如果有人问人的血型有哪几种，回答 O、A、B、AB 肯定是没错的。这四种血型并非独立存在的，它们之间存在某种关系，即某血型可以向某血型输血的关系。我们将可以向其他血型输血的血型写在上方，可以接受其他血型输血的血型写在下方，如图 1-18 所示。这是一个新的结构。

这种结构也存在于其他完全不同的事物之中。比如 6 这个整数，我们把它的正因数都写出来，可以得到 {1, 2, 3, 6}。此时，这四个数之间也存在"可被某数整除, 不可被某数整除"的相互关系。我们将可以整除其他数的数写到上方，可以被整除的数写到下方，则可以得到图 1-19 的结构。1 可以整除 2，2 可以整除 6，3 可以整除 6。虽然这些数和人的血型是完全不同的东西，但二者内部元素之间的关系是同构的。

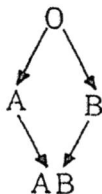 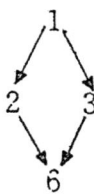

图1-18　　　图1-19

我们再看一个例子。日本的四国地区包括香川、爱媛、德岛、高知四个县。这可以看作一个集合，此时并未考虑四个县之间的关系。但从地理学的角度考虑时，就会有"某个县与某个县是否相邻"的问题，也就为四个县带来了某种特定关系，其位置示意如图 1-20 所示。

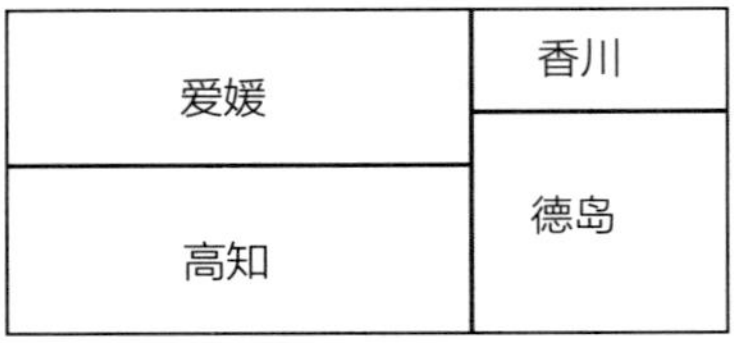

图1-20

例如，爱媛与德岛相邻，香川与高知不相邻。当我们考虑这四个县彼此是否相邻时，就会得出一个新的结构。日本还存在许多与四国地区四个县状况相同的地区，比如九州地区的鹿儿岛、熊本、宫崎、大分，如果从"某个县与某个县是否相邻"的角度着眼，那它们就是同构的。

不过，有的地区虽然也有四个县，但县与县的相邻方式完全不同。例如，北陆地区的四个县是按照一条直线那样排列的，这就无法说它与四国地区是同构的，也可以说它不是"四国型"（这个词不知是否合适，我们姑且先这样用）的，而是另外一种结构。也就是说，都是四个县的情况，也会存在同构和不同构的情况。

人脑中有非常多的这类模式，我们使用这些模式进行思考，这些模式就称为"结构"。所以，我们可以说，结构是侧面反映人类思考方式的代表性东西。

结构的科学

数学这门学问的特征在于研究结构。虽然前文举了"三方互克"的例子，但数学的任务并非去逐一研究石头、剪刀和布是什么、有什么性质。数学会将这些具体的东西暂时搁置，将研究重点放在对象之间的关系类型上。从这个意义上来说，数学可以称为"结构的科学"。数学世界中储存了各种各样的结构，当我们的世界逐渐进步时，数学世界中的结构也会增加。数学家其实就是熟知多种结构或者说模式的专家。不过，不是数学家的普通人其实也知道很多结构，这些结构会被用于处理各种各样的现实问题。我们说数学是结构的科学，这与数学的"性格"非常相符。

数学这个名字，让很多人以为它是关于数的学问，这其实是错的。数学经常被误解为关于数值计算或计算技巧的学问，但其实并非如此。现代数学中虽然也有关于数的研究，但其研究的主要方向是结构。

实际上，大家在小学、中学里学的数学，从某种意义上来说也是结构方面的内容。例如，计算 $2+3=5$，其实就是用这个式子代替了各种具体的情况，比如 2 个橘子加 3 个橘子就变成了 5 个橘子。这个情况换成苹果或人也一样，可以说换成任何东西都一样。东西虽然不同，但它们之间的结构是相同的。将这种相同之处全部表达出来的就是 $2+3=5$。如此看来，数学其实从很早之前就已经在研究结构了，只不过以前的结构主要是由数来表达的。正因如此，数学才会被误解为关于数的学问。到了现代数学的阶段，那些不必使用数来表达的关系也成为数学的研究对象。

在德语中，有一个词叫 Strukturwissenschaft（结构的科学），这在德语中也是个新造词——德国人非常喜欢创造新的词语。"结构的科学"这个词比"数学"更能表现数学这门学科的"性格"。大学的数学专业被放到理学系中，这在现代数学之前是没问题的，之前的数学研究的主要内容确实与自然现象相关。但是，到了现代数学的阶段，数学也与社会现象产生了种种关系。也就是说，社会现象中存在相同的结构（模式），而这些结构能在其他众多适用的社会现象中使用。

我们来看一个社会现象方面的例子，不过我不是这方面的专家，有不当之处的话还望读者见谅。如图 1-21 所示，有 A 市、B 市两个城市，A 市的总人口计为 m_1，B 市的总人口记为 m_2，A 市与 B 市之间的距离记为 r。从 A 市到 B 市的总交通量与两市人口的积成正比，与两市之间的距离的平方成反比。

图1-21

$$\frac{km_1m_2}{r^2} \quad (\, k \text{ 是常数})$$

看到这个式子，有的读者或许能察觉到，它与某个定律非常相近。

将那个定律应用到刚才我们说的社会现象中，结合经验来看的话，其结果大致是符合的。当然，这只是在大概上，并非精确的关系。城市的规模越大，其人流量和吞吐物资数量就越大。城市间的距离越远，两个城市之间的交通量则越小，大致与距离的平方成反比。这个社会现象中的关系与万有引力定律非常相似。两个物体之间相互吸引的力，与两个物体的质量的积成正比，与两个物体之间距离的平方成反比。所以，这种结构关系既存在于万有引力定律，也存在于城市之间的交通量。二者一个是自然现象，另一个是社会现象，万有引力在数学上的相关研究，可以直接使用到与其结构类似的社会现象中。这样一来，数学也无法说是自然科学了。只要出现结构相同的东西，不管它是什么，都可以使用数学中关于该结构的研究成果。所以，到现代数学的阶段，数学已无法被单纯地划分到自然科学或社会科学中，"结构的科学"才能完美地呈现这门学科的"性格"。

如果从广义上来思考结构，我们还会发现，在其他领域也存在许多结构，比如音乐的乐谱也是一种结构。乐谱中的 Do、Re、Mi、Fa 等音符按照一定的顺序排列，而非仅仅将音符聚集在一起。乐谱中的音符具有结构，并按照这种结构排列，所以我们无法否认这是一种结构。再比如，绘画中的各种色彩也并非杂乱地聚集在一起，而是按照某种结构排列的，画画就是在发现色彩的这些结构；作曲家的作曲其实就是在创造音的结构；围棋高手则是在创造围棋的结构。像这样，将结构在广义上推广开来的话，我们能看到人类所有的创造性活动都必然与结构有关系。创造出新结构的能力就是我们通常所说的创造力。前文中曾提到，建筑物是结构的一个好例子，建筑设计师就具有创造新结构的创造力。像这样，结构可以在非常广泛的意义层面进行解释，结构其实无处不在。

但是，如果把结构推广到这么广的范围，那万事万物就都成为数学了。数学家可能也不得不去学作曲或学画画，这听上去可不太妙。虽然结构可以推广到万事万物，但这样也无法对它进行研究了。因此，数学这门学问也是对"结构"的限定，可以让人集中研究结构。

数学中大致将结构限定为三种，即拓扑结构、代数结构、序结构。接下来，我们就来具体看一看这三种结构。

拓扑结构

拓扑结构是以集合为基础的结构，简单来说，就是聚集在一起的元素之间存在"远近"关系。也就是说，这种关系规定了两个东西之间是远还是近。

拓扑结构的一个典型例子就是我们所居住的空间。如果将我们居住的空间视为点的集合，那么点与点的距离就能确定。这个点与那个点距离近，这个点与那个点距离远，像这样，我们可以做出准确的判断。

我们居住的空间是典型的拓扑结构，而且我们也熟知这种结构。正是因为我们掌握了这种结构，才能非常迅速地做出各种行动。"路痴"这类人可能就没有很好地掌握这种结构，所以他们才会不知道自己身处何处，经常迷路；对道路了如指掌、经常给别人指路的人则较好地掌握了这一结构。不过，未能掌握这一结构的人可能很难意识到自己走错了路，并且会因此在错误的路线上越走越远。例如，长居东京的人就会熟悉东京的拓扑结构，所以不用费心查路线，也能随心所欲地坐电车去想去的地方；而偶尔才来东京的人，则很难熟练掌握东京的拓扑结构，不事先查路线的话，就容易走错路。

虽然我们居住的空间确实是拓扑结构的典型例子，但也并非全都如此。例如，对于两个点之间的距离，我们可以从空间上来考虑，但也可以从其他更广泛的意义上来考虑。对于两个地点如A地和B地之间的距离，我们也可以从A地到B地所花费的时间来考虑这个距离。例如，有了新干线这种快捷的交通工具后，从东京到大阪在时间上感觉就是非常近的。与之相对，东京的近郊地区因为交通不太便利，反而在时间上感觉是远的。像这样，当我们从时间上来考虑时，拓扑结构就发生了一些变化。或者，我们还可以从交通费用的角度来考虑A地到B地的距离，其拓扑结构又会有所不同。像这样，不同的思考方法可以构想出许多不同的拓扑结构。

如果暂不考虑空间，而是考虑人的血缘关系，又会出现一种新的关系。例如，一个人住在北海道，他的儿子住在九州，他们在血缘上的关系是非常近的，这与他们居住的距离是无关的。同样，住在这个人隔壁的陌生人，则在血缘关系上与这个人是非常远的，即便他就住在隔壁。我们在思考远近这种关系时，绝不仅仅限于空间，而是能思考很多广义上的拓扑结构。人类在理解各种各样的事物时，习惯将这些事物转换成远近关系来理解。远近关系最初是空间距离上的关系，但人类也会将它用在血缘上，这便是人类将某种事物转换成空间关系来思考的证据。

我再来举一个例子，有的读者可能知道"色空间"（colour space）这种东西。色空间是一个像三角形一样的东西，如图 1-22 所示，这个三角形的三个顶点分别代表纯色的红、黄、蓝，三角形的边则代表根据两种纯色的混合程度不同而出现的连续混合色。红色与黄色之间能得出橙色，蓝色与红色之间能得出紫色，蓝色与黄色之间能得出绿色。像这样，这些一个一个的颜色就以三角形的各个点来表示。由此可以看出，这个色空间也是一个拓扑结构。也就是说，我们把颜色上的"相似与否"转换成了空间上的距离。也正因如此，这个结构才被称为"色空间"。这种色空间在实际中是不存在的，我们只是用这个三角形的图来把这个拓扑结构表示了出来，这种表示方法非常便于理解。

人具有这样一种强烈的倾向，即将各种各样的关系转换成空间上的"远近关系"来理解，而将这些东西归结在一起的，就是拓扑结构。

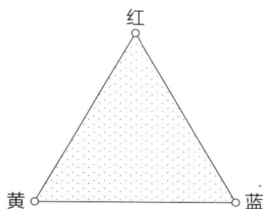

图1-22

代数结构

"代数结构"这个词,可能会让各位想起以前学习代数的经历。我们来看一看它究竟是什么。像 {1, 2, 3, …} 这样的东西被称为正整数,当然这也是一个集合,而且它的元素有无穷多个,但它并非仅仅是一个集合。我们能够注意到,对任意两个正整数做加法就能得出一个新的正整数。例如,$1 + 5 = 6$,我们选取了 1 和 5,做加法后就创造出了 6 这个数。也就是说,如果我们想到了"两个数结合可以创造出新的数"这件事,那么这个集合的元素之间就规定了这样一种关系。在这个集合中,我们任意选取两个元素对它们做加法,就会得到一个新的元素。毫无疑问,这是一种集合元素之间的关系。具备像这样关系的东西就称为"代数结构"。当然,刚才所举例子中提到的关系(加法)只是代数结构中的一种而已。代数结构中并不都是这种简单的东西,我只是拿它举个例子。

现在计算机已经广泛应用,而计算机的原理之一就是符号逻辑。符号逻辑与普通的逻辑学在本质上并无不同，只不过它是使用符号来机械地进行各种推理的。虽然符号逻辑得出的结论与普通逻辑学并无二致，但使用符号对非常复杂的推理进行计算，能够确保结论的准确性。最早提出符号逻辑构想的人是莱布尼茨，他是欧洲哲学史上不可忽视的人物，正是他为符号逻辑学奠定了基础。不过，虽然莱布尼茨构建了符号逻辑学的基础，但他并未完全发展这门学问。符号逻辑学能够使用代数中的计算式子来计算逻辑性的推理，而如今的计算机则实现了让机器来做这些事。

为什么说符号逻辑属于代数结构呢？我们先从命题的集合来考虑。命题是具有主语和谓语，并做出某种判断的东西。例如，"狗"并不是一个命题，但"狗在跑"就是一个命题。主语与谓语组合形成了一个主张，至于这个主张是真的还是假的，我们这里先不去管它。例如，"太阳从西边升起"，这也是一个命题。虽然这在现实世界中是假的，但在某些特殊情况下，这个命题也可能会被视为"真"。

我们将一个一个的命题用 A、B、C 等符号来表示。两个命题刚好可以像代数中的加法或乘法那样用某种运算关系连接起来，比如用 and 连接时，表示两个命题都成立。虽然可以用很多符号来表示这种关系，但我们习惯上会使用一个开口向下的大于号，即写成 $A \wedge B$ 的形式。两个命题之间还可以用 or 来连接，此时表示 A 或者 B 成立。or 关系的符号通常用开口向上的大于号表示，即写成 $A \vee B$ 的形式。连接用 A 与 B 表示的两个命题，就可以得到一个新的命题。这里多讲一些，我们来看一个例子。对于"今天会下雨""今天会刮风"这两个命题，用 and 连接的话，就是"今天会下雨，并且会刮风"；用 or 连接的话，则是"今天会下雨，或者会刮风"。两个命题连接后，变成了一个较长的命题，这称为复合命题。将两个东西连接起来，从而创造出第三个东西，从这层意义上说，这就是一个代数结构。

　　符号逻辑学中除了 and、or 之外，还有表示否定的 not。否定命题的符号用一条横折线来表示。命题 A "今天会下雨"的否定命题"今天不会下雨"就表示为 $\neg A$。当命题否定两次时，就会变回原来的命题，即 $\neg(\neg A) = A$。and 与数之间的乘法运算非常相似，但也并非完全相同；or 则与加法非常相似；not 则与负号非常相似。注意，这里说的只是相似，并非相同。例如，两次负号的操作可回到原来的数，这与双重否定表示肯定是一样的。到这里，我们用 and、or、not 这三者来为命题建立了关系。与通过加法、乘法等运算关系可以对数进行代数计算一样，这三者可以将命题变为计算对象。也正因如此，符号逻辑以前也称为逻辑代数，最近它则更多地被称为数理逻辑。符号逻辑与普通的逻辑学并没有什么本质性的不同，不同的地方仅在于它使用的是符号这种方法。使用符号，可以确保非常复杂的东西能准确无误地运行。

　　符号逻辑为什么可以应用到计算机中呢？这是因为 $A \wedge B$（and）相当于电路中的串联（图 1-23），即穿成一串那样的连接方式。在电路的连接方式中，A、B 两个开关都有闭合、断开两种状态，只有两个开关都处于闭合状态时，电路才能连通。$A \vee B$（or）则相当于电路中的并联连接方式（图 1-24）。为什么这样说呢？将"今天会下雨""今天会刮风"这两个命题用 and 连接时，如果要确保 $A \wedge B$ 为真，则必须 A 和 B 二者都为真才可以。如果今天只下雨而没有刮风，那么 $A \wedge B$ "今天会下雨，并且会刮风"就不成立。这种关系恰好与图 1-23 的串联电路的连接方式相对应。在串联电路中，只有 A 开关和 B 开关都闭合时，电路才能连通。如果有一个开关被断开，那么电路就无法连通。$A \vee B$ "今天会下雨，或者会刮风"则相当于图 1-24 的并联电路的连接方式。对于"今天会下雨，或者会刮风"这个命题，只要 A 或 B 有一个为真，那么这个命题就为真。这正相当于并联电路的连接方式，在图 1-24 的并联电路中，A、B 两个开关至少有一个闭合，电路就能连通。像这样，设计计算机等机器的复杂电路时，需要使用符号逻辑学。

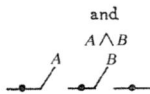

图1-23

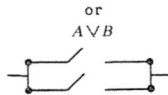

图1-24

　　例如，电梯的电路是非常复杂的，当有人按一楼的按钮时，某个电路便接通，电梯则能停在一楼并打开电梯门。对于电梯的这些复杂功能，若要问各个情况下其电路具体是如何连接的，即便是很熟悉电梯的人都很难答对。我可以再举个简单的例子，比如我们生活中楼梯处的灯经常会接双控开关，即楼上楼下的两个开关都可以开关楼梯处的灯，这种模式的电路连接普通的电工都知道。但是电梯的情况则非常复杂，为了实现按下某个按钮让电梯顺利做出某些动作的目的，必须巧妙设计其连接方式，而这种连接非常复杂，单凭人力很难完成。这种情况下，就轮到符号逻辑学出场了。我们可以用符号逻辑学来计算，把算式转换成电路中的串联或并联连接模式即可。计算机的制造原理其实也是类似于此。

最近在日本的国会讨论中，国会议员会使用桌子下面的按钮来投票。国会议员的桌子处会有电线接出来，当赞成票多时，投票灯的蓝灯会亮起来，反对票多时则红灯会亮起来。国会议员有四百多人，投票时还需要实现匿名投票，这种投票亮灯的电路该如何连接呢？这当然也要靠符号逻辑学中的计算来实现。这种电路连接实际操作起来会非常麻烦，但是用符号逻辑学来计算就非常轻松。复杂的电器基本都是这样用符号逻辑学来设计电路的。例如，电梯中存在一种复杂的联动电梯，即 3 台电梯连接在一起，各台电梯相互配合，以最佳的时机来回应各层的乘坐需求。这种复杂的电梯也需要使用符号逻辑学来设计。

有一句玩笑话曾说，这种联动电梯的设计之所以在日本最先发明出来，是因为日本人非常着急，无法忍受等电梯的时间。据说电梯稍微慢一点，就会有人开始大发脾气抱怨起来。日本的国民性中确实存在这种性格，不过这也促进了电梯设计的进步。

逻辑虽然只是存在于人头脑中的思考，但意外地能被应用在电路中。逻辑之所以能作为现实之物来使用，归根结底是因为逻辑学中 and、or 与电路中的串联、并联在结构上是同构的，所以能够移用于电路之中。这种结构上的同构，可以使不同的东西在同一种理论之下统一起来。这种情况在其他领域也广泛存在。在工学中，这种情况被称为"模拟"（simulation）。对于两种不同的东西，如果能找到二者之中有同构的法则成立，当一方在现实中不易于实现而另一方易于实现时，我们就可以选择易于实现的那一方来进行实验。这种方法在工学中非常普遍。

比如，飞机的风洞实验就是这种情况。在设计巨大飞机时，需要研究飞机飞行时的风压情况，但直接使用飞机进行实际飞行实验的话非常危险，而且花费也非常大。对此，我们可以将飞机的小型模型放到风洞中来观察空气的流动情况。通过小型模型获得的风压数据，可以用于巨大飞机的实际制造中。这可以说是一种模型实验。又比如，制造巨大的石油运输船时，如果要实际造一艘船出来做实验，这是非常不现实的。这种情况下，可以将船的模型放到水池中，然后搅动水池，让水运动起来，再看船的稳定情况。这种方法就是模拟。模拟的原理就在于法则的"型"是相同的，也就是同构，或者是具有相同的结构。再比如，建造巨大的水坝需要研究水压在水坝各处的具体分布情况，这时就可以制造水坝的模型，然后用电流来进行模拟实验。电流的流动法则与水流是同构的，所以才能用这种方式来进行模拟实验。"模拟"（simulation）在英语上的语源是"相似"（similar）。模型实验，或者说模拟实验，其依据都是在不同的物体中寻找具有相同模式的法则。

序结构

下面我们来简单看一下序结构。像 1, 2, 3, 4 这样的正整数，并非仅仅是数的集合，它们之间还存在大小顺序。在这个意义上，这些数的集合就是一种序结构。前文提到的血型之间的关系，也是一种序结构。对于 O 型血与 A 型血，O 型血可以向 A 型血输血，而 A 型血无法向 O 型血输血，这就是一种顺序。再比如"列举这家银行的所有职员"，如果我们按照人名首字母顺序排列，那么这仅仅是一个集合。但是，实际上它并不是一个简单的集合，它存在序结构。在银行中，行长拥有最高的命令权，之后是总经理、部门经理、科长，这种上下级关系就是序结构。这种序结构就是我们所说的数学中的第三种结构。

数学家主要研究的东西就是这三种结构。在没有展开讲的前提下，现代数学大体研究的就是这些东西——当然具体研究的并非前文中举的那些简单例子。因此，尽管数学中确实会有计算，但如果把数学当作以计算为主的学问或计算的技术，那就是一种误解了。当我们遇到某种难题，并且发现其具有某种结构时，如果数学中已经研究过与之相同的结构，那么其研究成果就可以直接拿过来使用。从这个意义上说，数学不应作为"数的学问"来理解，而是应该作为"结构的科学"来理解。这样在遇到具体问题时，实际问题与数学的交会之处就会变得非常多。

结构这一概念是现代数学的核心研究课题。当然，现代数学研究的并非我之前举的那些简单例子，而是更加专业的东西。不过，那些例子有助于我们理解结构是什么。

数学研究的是结构，这恐怕与大家从小学开始学数学所留下的印象大为不同。"什么，原来数学还研究这些吗？"或许有的读者会有这种意外之感。不少人认为，数学是通过计算得出答案，答案对了就得分，错了就不得分，即数学是关于计算的学问。不可否认，计算也是数学的一部分，但数学更重要的部分在于对结构的理解。从更广泛的意义上来说，数学学习的重要目标在于"从结构上把握事物"。这样一来，即便解题答案中存在小错误，但只要结构是正确的，就不应该完全不给分。从这个角度来理解数学，大家对数学的看法也会随之改变。

不过，"从结构上把握事物"这件事，一些不懂数学的人也能做到。也就是说，从结构上把握事物是人的一种本能。结构是指事物的模式，也就是"型"。从模式的角度思考是人类独有的一种能力，而数学就是人类这种能力的延伸。数学是从模式角度把握事物的思考方法经过系统化、体系化发展的结果，从这个意义上来说，数学是一门非常广泛的学问。可以说，即使不是数学家，我们也会与数学这门学问存在密不可分的关联。例如，前文的例子中说过，绘画也是从结构上把握事物，或者说是创造出某种把握事物的结构，音乐也是如此。人类的活动，特别是创造性活动，都与数学有着紧密的关联。

构成式方法

至此，我已经介绍了数学四个历史阶段的特征。简单来说，古代数学是经验性的，并且是归纳性的；中世纪数学是演绎性的，并且是静态的而非动态的；近代数学是动态的；现代数学则如我刚才所言，是关于结构的，即构成式的。数学最终发展成了现代数学，可以创造出结构。

最典型的构成式的东西是建筑。建筑是将自然存在的材料按照人的意图重新组合。建筑物并非天然存在，而是人先设定某种目标，再使用与目标相符的东西构建而成，所以建筑物是构成式的。数学经过发展也已经变为这种构成式的东西，如同建筑师建造出新的建筑物一样，数学这门学问也能够创造出新的结构。当然，数学创造的这些新结构，并不一定存在于现实之中。

当下的科学也已经向构成式的方向发展。以化学为例，之前的化学主要是分析自然中存在的物质是如何构成的，比如弄明白水是 H_2O，但化学后来的发展方向则更多是研究如何创造出之前不存在的东西。这些创造物在我们身边随处可见，比如合成纤维。合成纤维与棉麻等天然存在物不同，是人工合成创造出的材料。合成能改变天然存在的物质的结构。例如，煤炭虽然是天然存在的，但将它分解为氧元素、碳元素等后，就可以再按照一定目的重新构成。科学创造出了非常多自然中不存在的合成物，与之类似，数学则创造出了很多自然中不存在的结构。人类的学问并非只有数学发展成了构成式的，而是几乎所有的学问都发展成了构成式的。

人造卫星也是一个典型的例子。月球是地球的天然卫星，而人类也为地球制造出了人造卫星。当然，人造物质也并非都是对人类有益之物，也有有害物质，比如人工甜味剂。人工甜味剂对人体健康可能存在比糖更多的危害。这类人造物质之所以未能成为有益之物，我想是因为技术的力量还不充分。也就是说，化学还未充分发展，所以才会合成出这类无益之物。虽然化学会合成出有毒物质，但对元素之间进行新的组合，确实能创造出新的物质。与之类似，数学中也有很多这样的事情。这也是现代数学与近代数学在思考方法上的不同之处。

近代数学相当于用精密的显微镜去观察自然本身。例如，前文说过，微积分相当于精巧的相机镜头，能够拍摄出自然的照片让我们进行细致的分析和观察。然而，现代数学则不再局限于这种做法。近代数学的分析方法是科学发展的必经阶段，就像化学在合成新物质之前，必须研究元素之间的结合力和反应规律一样。现代数学虽然以近代数学的思考方法为基础，但所做的事情却大为不同，其思考方法已经变为构成式的了。

不仅是建筑物，绝大多数工业所做的事情都是构成式的。很多人觉得数学晦涩难懂，我想原因可能就在于此，也就是说数学之前虽然是用于精密观察自然之物，但现在已经发展为构成式的了。现在的数学是用来创造新东西的，而这种思考方法上的转变，很多人并没有注意到。其实，数学的这种转变非常符合人类本身的发展。人类随着自身能力的逐渐增强，自然而然地会从观察走向创造。在人造之物大量出现之时，数学发生这种转变，只不过是恰好跟上了人类前进的步伐而已。

现代数学、艺术与科学

从更广泛的意义上说，古代数学、中世纪数学、近代数学与艺术中的"自然主义"或者说"写实主义"非常类似，它们都需要将存在的东西忠实地描绘出来，就像照片那样。但是，现代数学却并非如此，它更像是 20 世纪以来的抽象画，或者说是具有超现实主义的倾向。虽然没有离开现实，却不是照片那样的东西。毕加索的画中经常有两张脸重叠在一起的情况，他的画就不是照片一样的东西，而是会因观看者的角度不同而呈现不同的内容。以前的绘画是忠实地捕捉、呈现自然的真实面貌，而 20 世纪之后则不一定是这样了。

这种新方法不脱离现实，但会对现实的某个侧面进行极端夸张。与绘画中的这种风格极为相似的，是前文提到过的以希尔伯特的《几何基础》为起点的现代数学的思考方法，也就是关于结构的思考方法。数学发生这种转变的时期，刚好是绘画中的抽象派，或者超现实主义出现的时期。现代数学的思考方法与它们非常相似。至于数学的变化是否与艺术流派的变化存在某种关系，这恐怕需要专门的研究者来研究了。不过，数学与绘画在同一时期都转向同样的新思考方法，这实在是非常有趣的一件事。

结构这种思考方法，在历史上是最先出现在数学中的。最近，数学的这种思考方法开始"传染"其他学科，在各领域都扩散开来。在很多研究领域中出现了一种名为"结构主义"的思考方法，如心理学、语言学、文化人类学……结构的思考方法在这些领域中广为发展。因此，结构这个概念并非仅限于数学，而是一个更加广泛的概念。关于结构在其他领域中是如何发展的，我作为非专业人士不敢多言，各位如果有兴趣可以自己阅读相关学者的研究作品，想必也会非常有趣。然而，由于结构的思考方法在 20 世纪之后才逐渐发展，因此对于"这种思考方法是万能的吗""可以把数学简单地称为'结构的科学'吗"这类问题，人们仍然存在一定的疑虑。

动态体系

前文说过，结构这种思考方法（构成式方法）最典型的例子就是建筑物。建筑物一般建成后就不会再动，至少目前为止，动态建筑这种东西是难以想象的。所以，建筑物是静态的，而非动态的。建筑物一旦建造完成，我们就不会再去想要移动它。虽然最近也出现了一些旋转建筑，但这些都是特例，我们通常居住的住宅都不会动。

从这个意义上说，结构这个概念似乎是非动态的，是静态的。在此，我们能看到结构这一概念是具有界限的。用结构去观察多种事物时，似乎只能捕捉到静态的那一面，而动态的那一面则显得非常模糊。

例如，有一些东西具有结构，而且其结构会经常发生变化。生物的身体就是这种情况。生物的身体具有非常复杂的结构，并不是细胞的简单集合。细胞之间通过非常复杂的关系相互连接。生物的身体结构复杂，且这种结构是不停变化的。例如，人的身体从出生后就会不断发育、成长，并最终走向衰老和死亡；昆虫的身体还会经历变态阶段，更是会发生巨大的变化。

也就是说，当我们说结构不变化时，通常是指空间上的不变化，而非时间上的不变化。在实际的情况中，结构是存在变化的，也就是时间上的变化。所以，如果只考虑结构这个角度，就会产生过于强调空间一面，而忽视时间那一面的倾向。

这种倾向对于建筑物来说或许正合适，但在理解生物现象时就会显得局限。生物是变化之物，从这一点来看，研究生物需要创造出能兼顾空间、时间两方面的新概念。否则，我们就无法把握动态的那一面。

群

在某种程度上能够弥补前文所说局限的思考方法就是"群"这一概念。群的概念并不是到现代数学阶段才产生的，而是在现代数学稍早之前，约 19 世纪初就已产生。有一位年轻的数学家使用群的概念取得了辉煌的成就，他就是伽罗瓦（1811—1832）。

最近在日本，伽罗瓦也进入大众视野，成了"名人"，其传记《伽罗瓦的一生：众神怜爱之人》（ *Whom the Gods Love: The Story of Evariste Galois* ）也再版发行，读者众多。伽罗瓦生于 1811 年，逝于 1832 年，离世的时候还不到 21 岁。他利用群这一构想，将异常辉煌的研究成果带入了数学世界。不过，伽罗瓦的传记中没怎么提及他的数学研究，这是非常遗憾的事。这位伟大的数学家究竟做了什么，他的传记中并没有过多说明。这或许是因为他的数学研究不易说明，但缺少对其数学研究的介绍，始终是伽罗瓦传记的一大缺憾。

那么，伽罗瓦究竟做了什么呢？群又是什么呢？在某种意义上，群是前文提到的代数结构的一种，甚至可以说是最典型的一种代数结构。但是，仅仅这样说的话，还是不能说明群究竟是什么。

群是某些"操作"的集合。操作是指某种行动的手续，比如我们脱掉上衣或穿上上衣，它们都是一个操作。穿上上衣是一个操作，该操作的逆操作则是脱掉上衣。同样，穿上外套也是一个操作，脱下外套则是该操作的逆操作。所以，某个操作与其逆操作连续进行时，其结果与什么都没发生过是一样的。这是理所当然的事情，例如，从东京到大阪是一个操作，它的逆操作是从大阪到东京，该操作与逆操作连续进行时，我们又会回到最开始的东京。

下面，我们来连接两个操作。例如，把穿上上衣这个操作和穿上外套这个操作连接起来，其结果是上衣和外套能够重叠起来一起穿上，这就意味着两种操作合并成了一个操作。再比如，将"向右移动 1 米"与"向右移动 2 米"这两个操作连接起来，则相当于"向右移动 3 米"这个操作。这就是"连接操作"。

能够相互实现上述连接操作的集合就称为群，群中必然包含操作的逆操作。有人觉得群这种东西似乎很难，但其实只要在某种程度上理解它的话，就会觉得它也没什么。例如，如果电视机上的旋钮有 12 个挡位，那么就可以有这样一些操作：将旋钮向右旋转 1 挡、向右旋转 2 挡、向右旋转 3 挡……向右旋转 12 挡。旋转 12 挡与什么都不做是相同的，挡位又回到了 0 上。对于这个电视机的旋钮，其操作共有 12 个。

我们尝试将其中的两个操作连接起来，看看会发生什么。例如，把向右旋转 2 挡与向右旋转 3 挡连接起来，则可以得出向右旋转 5 挡。也就是说，两个操作相结合能够得出第三个操作，这体现了代数结构的一种特性——两个元素组合产生第三个元素。正是对于操作的这种思考，促使数学中一些非常重要的方法得以被发现。

解剖法与问诊法

前文提及的重要方法，简单来说就是为了了解某种结构，尝试对其进行动态操作，也就是用操作让未知结构产生变化，通过观察它如何变化来了解这个结构。举个简单的例子，比如我们去水果店买西瓜，如果想知道西瓜熟没熟，那么把西瓜切开看一看是最简单的办法。但是，如果我们和水果店老板的关系没那么好，老板可能不会允许这种做法。这时，我们可以拍打西瓜使西瓜产生震动，然后通过西瓜震动发出的声音来判断西瓜熟没熟。如果把切开西瓜看熟没熟的方法视为"解剖法"，那么通过西瓜震动的声音做判断的方法就相当于"问诊法"。通过"问诊法"，人能在不必看到内部情况的前提下得知许多东西的结构。患者肚子疼去看医生，此时医生就会对患者进行问诊。经验丰富的医生仅仅通过问诊就能判断大致的情况。设想一下，如果患者就医时，医生每次都采用解剖法进行诊断，那着实令人恐惧。比如，患者和医生说自己肚子疼，医生却说需要切开查看，否则无法诊断，这对于患者来说就太糟糕了。当不能采用解剖法时，我们就可以使用问诊的方法。群论则刚好相当于"问诊法"。使用群，我们可以对某个对象进行某种操作，让它动起来，再通过观察其活动方式来了解其结构。

例如，为了了解地下深处的地质结构，现在的人会先引发人工地震，然后通过地震波的传输方式来判断地质情况。这与通过拍打西瓜判断西瓜是否成熟是非常相似的思考方法。群论大体上就是这种思考方法。

伽罗瓦将群论的这种思考方法应用到了代数方程的求解中，并彻底解决了这一难题。关于代数方程，各位读者应该在中学学过二次方程。二次方程之后还有三次方程，之后还有四次方程。到四次方程，我们还能勉强求解，但是到了五次方程，情况就变得棘手起来。对于五次方程，可以使用加法、减法、乘法、除法、根号去求解，但似乎无论怎样尝试，都无法得出通用的求根公式。于是，这里就浮现出一个疑问，即是否真的没有办法得出五次方程的求根公式。对于这个疑问，伽罗瓦使用群的构想证明了，五次以上的方程使用加法、减法、乘法、除法、根号的有限组合是无论如何也无法解开的。同时，他也给出了求解这些方程所需要的必要条件。这是人们第一次感受到群论所具有的强大力量。

之后，群论的思考方法也在代数的其他部分广泛使用。再之后，几何中的研究也开始使用群论。利用群论变动图形，通过移动、扩大、缩小等操作，可以研究图形的性质。

近年来，物理学中关于原子内部各种状态的研究也开始使用群论，并取得了很不错的成果。我们能看到，在研究某种未知结构时，群论是一种强有力的手段。从某种意义上说，群论是一种动态的方法，而非静态方法，因为它会先让被研究对象动起来。

建筑物也是一种结构，无论是研究这种结构，还是设计壁纸或服饰的纹样时，群论都是非常好用的工具。这里说的纹样是如图 1-25 所示的纹样，即几何纹样，而非写实纹样。这是一种将相同的部分重复几次而构成的纹样。将这种纹样整体向左或向右移动，纹样并不会发生改变。另外，将线条完全对折，线条也不会发生变化。但是，对于某些线条，对折会使其发生变化。根据"如何变动才能使其不发生变化"这一点，可以将纹样分成很多不同的类型，总计大约有 17 种。对于图 1-25 中这类纹样，只要画出纹样的一部分，通过移动这个部分就能得出纹样的整体。用群论来处理纹样制作，是非常方便的一件事。

图1-25

虽然从历史的角度看，群论应用于纹样结构研究是"最近"才发生的事，但实际上已经有 50 多年了。如今，设计师也需要学习群论。大约 10 年前，我曾应邀为一个年轻的设计师团队讲授群论课程，前后去了两三次。当时那些设计师虽然还是初出茅庐的新人，但其中一些人现在已经成为非常知名的设计师了。我相信，他们当年学习的群论知识，一定在他们的设计生涯中发挥了重要作用。

如果大家想进一步了解群论在纹样结构中的使用情况，可以阅读赫尔曼·外尔（1885—1955）的经典著作《对称》。这本书中详细介绍了在绘画、纹样中如何使用群论。

如果要详细介绍群的相关内容，仅这一部分就需要两三个小时。群是一种通过使结构发生变动来研究结构状况的"问诊法"，而非"解剖法"。现在，群已经在数学的各个领域得到广泛应用。

数学学习法

至此，我已经讲述了现代数学的特征，不知各位读者是否已经理解了现代数学的基本情况。最开始时我已经说过，与近代数学相比，现代数学更加容易理解，就算是没有多少数学背景知识的人也能理解现代数学。甚至可以说，这些门外汉可能更容易理解。也就是说，数学到了现代阶段，已经更加接近常识。即便是那些觉得自己上学时连 sin、cos 都记不住，认定自己数学完全不行的人，也能理解现代数学，因为现代数学中并不使用 sin、cos那些知识，即使忘记了也没关系。有的人觉得自己数学不行，其实并非如此，因为学校里所教的数学只到近代数学，所以并不能以此为依据来下结论。即便是将在学校学过的数学知识都忘记，从零开始学习现代数学也是没有问题的。学不好近代数学，并不代表无法理解现代数学。有人认为学习现代数学之前必须掌握sin、cos 以及二次方程等知识，其实这种观点是错误的，这些知识完全可以放到后面去学。如果真的想学习现代数学，完全可以把这些知识暂时搁置，直接去学习现代数学，也有很多可以直接理解的部分，而且这部分在数学之外的许多领域会非常有用。

前文曾提过，结构这种思考方法在心理学、语言学、文化人类学等领域均有广泛的应用。这些领域的人也许并没有学习数学，是从自己研究的领域中思考出这种方法的，但从数学这边来看，会发现那些领域中关于结构的思考，与数学中的结构是相同的。所以说，结构的思考方法的应用范围是非常广的。

数学发展到近代时，还可以说是关于数的学问，"数学"这一称呼也名副其实。但是，到了现代阶段，"数学"这一称呼就未必那么贴切了。虽然现代数学也研究数，但它研究的是更加具有广泛性的东西，那就是结构。所以，从某种意义上来说，数学到了现代阶段已经可以被称为"结构的科学"了，这其实更能体现出现代数学的特征。"数学"这个称呼在现代数学阶段会显得有那么一点点不贴切。有观点认为，数学中必须出现"数"，这到近代数学阶段是没问题的。但是到了现代数学阶段，情况就不一定是这样了。在现代数学阶段，只要出现"结构"，数学就已经登场了。也正因为如此，我才说到了现代阶段，数学的"容貌"已经发生了大幅改变。

结构这一思考方法，并非在以前的阶段完全不存在。如果我们改变视角，会发现结构的身影早已出现在古代数学中。比如 $2+3=5$，可以是 2 个橘子加 3 个橘子等于 5 个橘子，也可以是 2 个苹果加 3 个苹果等于 5 个苹果，还可以是 2 支铅笔加 3 支铅笔等于5支铅笔，它可以表示的现实情况可谓无穷无尽。实际上，$2+3=5$ 就是不同物体在计算上的同构。如果将 $2+3=5$ 看作这个同构的代表，那么结构这个概念就已经出现了，同构这个概念也已经诞生。所以可以说，从很早之前开始，数学就是关于结构的学问了。但是，在那些历史阶段里，关于结构的这一面并不显著。

"改变容貌"的意思是，面容发生了改变，但内在其实或许没有发生改变。所以，我在讲述数学史的时候借用了这个说法。未来，数学的容貌或许还将继续发生改变。当前阶段那些不显著的概念，会在未来的研究中显现出来。我们说数学发生改变，并不意味着2加3不再等于5而变成等于6，而是指思考角度上发生的改变。

我们在较短的时间内回顾了数学从古代到现代的变化，相信各位读者现在都已理解，那种认为自己不擅长数学、完全学不会数学的想法是错误的。数学其实是一门非常简单的学问，只要掌握了数学中的要点，它就会变得非常简单。我希望各位读者能明白这一点，再尝试重新学习数学。学习现代数学时，可以把古代到近代的数学知识先置于一旁，直接去学习现代数学的知识。如果我的讲解能让大家鼓起勇气去了解现代数学，哪怕只有一个人，那么这些讲解就是有价值的。

第 2 章

现代数学的邀请

2.1 邀请之一

像我这般年纪的数学家，在大学接受的都是古典式的教育。我们那代人在旧制高中学习过微积分的延伸内容，所以进入大学后，在数学学习上并没有感到任何异样，一切都很顺利。

然而，对于接受了这种教育的人而言，数学学习中的第一次巨大冲击便来自范德瓦尔登的《近世代数学》(*Moderne Algebra*)。这本书在日本首次出版于 1930 年，我接触到它是在其出版后的第二年或第三年。

开始阅读这本书时，我内心首先产生了这样一种疑问："书上的这些东西，真的是数学吗？"

这本黄色装帧的书给我带来了巨大冲击，也让我对之前所学的数学知识产生了质疑。

读完这本书后，我又读了弗雷歇的《抽象空间》(*Les espaces abstraits*)。这本书 1928 年就在日本出版了，应该是当时唯一一本关于拓扑空间论的著作。

后来，亚历山德罗夫的《拓扑学》等系统化的著作相继问世。与这些系统化的书籍相比，弗雷歇的《抽象空间》是很难读的。书中几乎没有详细的证明，整本书犹如一份结论报告。阅读这本难读的书时，我不得不自己去思考如何证明书中的那些结论。

　　《抽象空间》这本书，与范德瓦尔登的《近世代数学》一样，给我带来了巨大冲击。它彻底推翻了我之前对数学的所有认识，但在当时，能够取代之前数学的新观点、新认识尚未确立。

　　相较于新一代的数学家，这种数学认识上的断裂感，恐怕是我们这代人所独有的经历。如果接受的是新体系的数学教育，就不会产生我当年所经历的那些异样感与冲击。

　　说起来，范德瓦尔登那本书的最新版，书名中已经删去"近世"一词，只剩"代数学"了。这本书刚问世时，书中所蕴含的思想与观点堪称新锐，但如今，这些内容已然成为主流，所以书名也就只剩"代数学"了。

　　以《近世代数学》《抽象空间》为代表的现代数学，与从古代一直发展到19世纪的数学有着天壤之别。越是熟悉19世纪之前数学的人，在接触现代数学时所产生的异样感就越明显。不过，从另一个角度来说，数学专业之外的门外汉会更加容易理解现代数学。

　　现代数学的思考中有这样一种特征，即将之前专业化数学中的东西重新拉回常识之中。

　　如果理解了这一点，那么在接触现代数学时，就完全可以将19世纪之前数学所成就的那些杰出的理论暂时搁置。例如，将复变函数论暂时搁置就完全无妨。从椭圆函数到阿贝尔函数、自守函数的发展历程，对于数学门外汉来说是很难懂的。另外，以高斯为起点的数论，回顾其发展历程就会发现，这不过是数学内部的东西。类体论也是如此，该理论的深奥之处普通人根本无法理解。1955 年，数论的国际论坛在日本东京召开，我的一个新闻记者朋友也去了，想找找有没有什么有趣的话题来写报道。他听了阿廷（Artin）和韦伊（Weil）的研究，最后却和我说"这些东西完全没法写成报道"，他失望至极，悻悻而归。恐怕数论这种东西，在外行人眼中就是这种印象吧。

不过，现代数学给人的印象却不再如此。如前文所述，现代数学把之前专业化数学中的东西重新拉回了常识之中，这让外行人也能理解它。所以，接触现代数学时，外行人反而不会受到什么冲击，甚至还会觉得现代数学的思考方法非常自然。

思考方法的变革本就伴随着价值层面上的颠覆，对于积累了大量既有数学知识的人而言，在接触现代数学时就会更加强烈地感受到一种"失去"的痛楚，这是理所当然的。

构想力的解放

现代数学最大的特征是将数学这门学问的行动半径扩大到与之前无法相比的程度。之前完全不属于数学领域的东西，现在也变成了数学的同伴。一言以蔽之，现代数学让人的构想力获得了空前的解放。

人类通过构想力创造出新的东西，这究竟是怎么回事呢？我们先来看一个例子。依托于最近的技术进步，有机合成化学领域不断创造出之前没有过的新物质。但是，这种创造的方法并不是从"无"中创造出新的东西，而是将之前的物质重新组合。

这一点与烹饪很相似。例如，制作日式炸肉饼时，要先将土豆和猪肉剁碎，再把它们团成团。这就是对土豆和猪肉先进行分解，再将其重新构成的方法。

使用混凝土建造房屋也是同样的过程。我们先粉碎石灰岩，得到水泥粉，再将水泥粉与水、砂等混合，形成混凝土，然后按照一定的形状来建造房屋。这便是一种分解与再构成的过程。

不过，同样是分解与再构成，其程度也各有不同。例如，小孩子可以用积木搭出小房子，也可以用同样的积木搭出小汽车，这虽然也是分解与再构成的过程，但与化学家对化合物的分解与再构成存在天壤之别。积木是大块的物体，对其进行分解与再构成轻而易举。化学家面对的则是微观世界的原子，对其进行分解与再构成并非易事。

在艺术家的工作中，分解与再构成的方法也扮演了重要角色。例如，作曲就是作曲家将复杂的音分解为单纯的音，然后再用自己的构想力进行再构成。说起来，compose 这个英语单词既有"构成"的意思，也有"作曲"的意思，看来二者本来就是同源之物。

绘画也是如此。自然主义的绘画虽然是将物体直接画出来，但它还是不同于照片，绘画者必须进行一定程度的分解与再构成。对于抽象画而言，创作者更要有意识并大胆地使用分解与再构成的方法，由此才会诞生与现实对象既像又不像的抽象绘画作品。

为抽象绘画理论奠定基础的康定斯基（Kandinsky）在其著作《点、线、面》中清晰地阐述了分解与再构成的方法。几何学从极度分解而得出的最终元素"点"出发进行再构成，康定斯基的思考虽然与几何学有所不同，但同样是从点出发研究再构成的。

将图形分解为点时，"分解"这一行为并非最终目的，而是为了赋予再构成更多的可能性。换言之，这是为了解放人的创造力。

这种思考同样适用于电影，其对应的理论是蒙太奇理论。

对于蒙太奇理论，爱森斯坦（Eisenstein）曾作如下论述：

蒙太奇式的思考是分析式思维的顶点，也是将"有机"世界解体的顶点——以数学的精确计算作为手段、工具来捕捉事物的形态，并将其重现出来。（《电影的辩证法》，角川文库）

由此可见，有意识地运用分解与再构成，或者说分析与综合方法的抽象艺术，其思维方向与现代数学中的公理方法是相通的。

结构

当然，数学并不是艺术，所以数学与抽象艺术并非完全相同。抽象艺术依然是一种艺术，所以不管它多抽象，一旦脱离了感性就不再成立。数学则可以脱离感性仅仅依靠理性成立。例如，提及 $\triangle ABC$，数学不会去关心这个三角形是什么颜色、会给人什么样的重量感等。从这层意义上说，数学是从感性中独立出来的思考方法。在数学中思考三角形时，首先会关注到三角形由 3 条线段构成，其次会关注到 3 条线段是如何连接的。关于 3 条线段的连接方式，存在多种可能性，例如，有互不相连的情况，有 3 条线段各自有一个端点重合呈现放射状的情况，等等（图 2-1）。

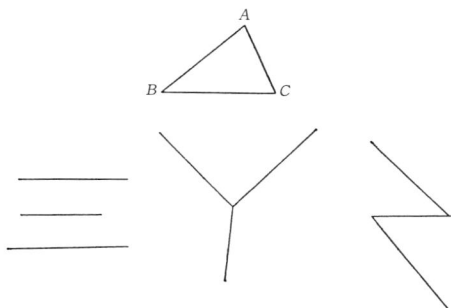

图2-1

我们能发现，如果像这样思考，3 条线段的连接方式就多种多样。在这些千差万别的连接方式中，"3 条线段的端点分别首尾相连"的连接方式就能构成三角形。

这样思考的话，会发现三角形是一种非常简单的东西。我们还能发现，这种思考方法具有以下两个方面。

（1）它是由什么组成的。

（2）它的组成元素之间是如何相互连接的。

我们再来看一个非图形的例子。比如一个由 3 个人组成的家庭，当我们考察这个家庭时，可以按照同样的思路去思考。

（1）它是由什么组成的。也就是说，该家庭由多少人构成。

（2）它的组成元素之间是如何相互连接的。也就是说，家庭中的成员之间是什么关系。

当我们思考（1）时，可以将（2）暂时搁置。也就是说，这个家庭由 3 个人组成，我们可以将这三人视为互不认识的陌生人，他们是平等的对象，即完全不考虑三人之间的关系。

当我们思考（2）时，对于由 3 个人组成的家庭，其构成方式多种多样。用系统树来表示的话，我们能看到许多不同的结果（图 2-2）。

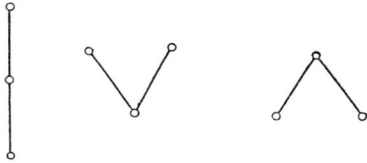

图2-2

如果我们再对这三人区分男女，那么构成的结果数就更加庞大。也就是说，同样是由 3 个人组成的家庭，"3" 这个数虽然相同，其家庭关系的种类却非常多。

我们把将家庭关系纳入思考后的整体称为家庭的"结构"。这里所说的结构，若将其一般化推广，就是"具有某种相互关系的某些东西的集合"。

现代数学中所说的"结构"，大致就是这样的概念。

所以，思考"结构"通常包含两个阶段，也就是我们思考三角形、家庭时提到的那两个阶段。

（1）它是由什么组成的。

（2）它的组成元素之间是如何相互连接的。

当然，思考（1）时，可以暂时将（2）搁置，不去管它。但是思考（2）时，则必须先思考（1）。

集合论

思考结构时，前期准备工作是要思考关系被破坏的事物的集合。适合这个阶段的工具是集合论。也就是说，集合论无视所有事物之间的关系，将它们看作不存在关系的原子的集合。集合论将"分析"这一方法贯彻到了极致，从这个意义上说，它是一种"原子论"。

例如，我们来看一下两组由 3 个人构成的家庭，一组是{祖父,父亲,长子}，另一组是{父亲,母亲,长女}。将它们分别画成系统树，结果如图 2-3 所示。

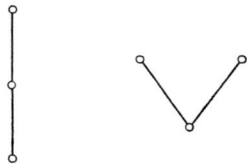

图2-3

然而，集合论仅对家庭结构中的"3"这个数感兴趣。所以从集合论的角度来看，这两个家庭是相同的东西，都是由平等的、没有关系的 3 个人组成的。

在这个情况下，集合论仅对"3"这个数感兴趣，但这个"3"应该如何理解呢？

还是以前面两组家庭为例来看一下。尝试在这两组家庭的成员之间进行一一对应，会得到图2-4的结果。一一对应是指一组家庭的一个人与另一组家庭的一个人进行对应，且一个人不能对应两个人。可以想象两个家庭聚会，桌子两边分别坐着两个家庭的成员，每个成员与对方家庭中的一人相对而坐的场景。这种一一对应，并不需要考虑父母对应父母，孩子对应孩子等关系。也就是说，一一对应是无视"家庭关系"的。在此我还想多解释几句，以免有读者无法准确理解一一对应的真正含义。一一对应无视家庭结构，进行一一对应时，从一个家庭中任选一人，再从另一个家庭中任选一人进行对应即可。

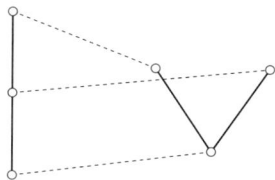

图2-4

一一对应的背后隐藏着这样一个事实：进行一一对应时，结构已经被无视或破坏。希望大家能留意到这一点。

以一一对应为基础，数学家康托尔创立了一个全新的数学领域，那就是集合论。

集合论的目标是将所有的结构暂时拆解为零散的原子，但这并不是集合论的最终目标，而只是其最终目标的第一阶段。

从历史来看，康托尔的集合论于 19 世纪 70 年代问世，比为现代数学诞生奠定基础的希尔伯特的几何学基础理论早了 20 多年。这其实是一种非常自然的发展过程。康托尔的集合论相当于（1）的分析阶段，而希尔伯特的几何学基础理论则相当于（2）的综合阶段。

所以，仅仅学习康托尔的集合论并将其视为终点的话，那就相当于半途而废，还会误解这门学问真正的意图。这就好比读长篇小说只读了一半就放弃了。

集合论秉持极致的原子论立场，为后续数学的思考方法带来了变革。不过，集合论的分析方法并非全新的东西。分析与综合是人类思考的基本活动，巴甫洛夫曾指出人脑最重要的功能之一就是分析与综合。从这个意义上来说，集合论的方法实际上是一种颇为古老的思考方法。

例如，2000 多年前的欧几里得几何学就已经有类似的方法。欧几里得几何学将图形分解为点、线、面，再对其进行构成，以此研究图形的性质。这是应用分析与综合方法的典型例子。

不过，集合论将这种方法贯彻到了极致，这正是其不同之处。集合论没有满足于直线与平面，而是将它们进一步击碎，分解为点。这也是集合论的独特创新所在。

2.2 邀请之二

集合论的创立者

所有伟大的发现，当人们在事后回顾时，越是程度非凡，就越会觉得这个发现理所当然，这真的非常奇妙。集合论就是这种伟大的发现之一。

集合论的创立者康托尔，为数学界带来了巨大的革命，而他的人生同样波澜壮阔，与他革命者的身份极为相称。

在集合论于数学世界中正式获得"市民权"之前，康托尔不得不与众多反对者进行理论上的斗争。在这些反对者中，康托尔的两大劲敌当属克罗内克（1823 — 1891）与庞加莱（1854 — 1912）。克罗内克一直站在不认可"无穷"的"有限主义"（finitism）的立场上。克罗内克、库默尔（1810 — 1893）、戴德金（1831 — 1916），这三人是当今代数数论的奠基人。克罗内克的这种有限主义的立场，在他的数学研究中也鲜明地展现了出来。

例如，对于某个多项式是否可以约尽的问题，克罗内克采用通过有限次演算来加以判断的方法，这极具他的个人特色（参考《近世代数学》，范德瓦尔登著）。

与戴德金在代数数论中也使用无穷数的集合的构想不同，克罗内克的方法运用的是某个形式多项式系数的集合（当然是有限集合）。虽然这两种方法通过"内容"（inhalt）这一概念相互关联，但我们还是可以看到，积极将无穷纳入自己体系的戴德金与极力回避无穷、仅使用有限方法的克罗内克，二人在思考方式上存在着鲜明的差异（参考《代数的整数论》，高木贞治著）。

戴德金的构想在思考上便于理解，但在计算上，很多情况下不得不求助于克罗内克的方法。可以说，他们两个人的方法是互补的。

康托尔的集合论大胆地提出了实际存在的"实无穷"（das aktuell Unendliche），而非那种"作为可能性的无穷"。对无穷极其反感的克罗内克自然不会对此坐视不理，他对康托尔的理论发起了猛烈抨击。

庞加莱与克罗内克的立场虽不尽相同，但同样也是康托尔的反对者。庞加莱对康托尔的批判见于他的著作《最后的沉思》《科学与方法》中，有兴趣的读者可以读一读。

对于这件事，罗素（1872—1970）曾这样写道：

远比这两人（魏尔斯特拉斯和戴德金）重要的，是康托尔。康托尔在他闪耀着天才光芒的事业中，展开了无穷数理论的研究。他的这个理论非常难，在很长的一段时间里我都无法完全理解它。我只能逐字逐句地抄写下来，并尝试理解。在抄写的过程中，我对康托尔的研究有了进一步的理解。那时我觉得，虽然他的理论中有错误，但其主张是非常优秀的。不过，从最终结果看，错误在我而不在他。康托尔在进行他划时代的研究之前，曾经写过一系列书来证明培根是莎士比亚作品的真正作者。他在其中一本书的封面上写下"我知道您是支持康德还是康托尔"，并寄给了我。在康托尔看来，康德是一个怪家伙。在他写给我的信件里，他曾这样描述与康德相关的事情："他那里只有不懂数学的诡辩家的俗物。"康托尔是一个非常喜欢争辩的人，在与法国数学家庞加莱激烈争辩时，康托尔曾写信告诉我："我绝对不会输的！"事实确实如他所言。非常遗憾的是，我最终没能和康托尔这位友人见面。当我们终于有机会见面时，他的儿子生病了，他不得不返回德国。（《罗素自传》罗素著作集，第一卷第六章）

关于康托尔的传记，有兴趣的读者可以阅读 E.T. 贝尔所著《数学大师》（*Men of Mathematics*）的最后一章。

康托尔最初发表无穷理论时，遭到了强烈抵制。现在来看的话，这在当时也是情理之中的事。

自然数全体由无穷多个数构成；将线段分割为点，线段上便有无穷多个点。像这样，数学的方方面面都与无穷发生着碰撞。也正因如此，对于数学而言，关于无穷的正统理论是必要的，而完成这一理论构建的正是康托尔。

康托尔为了构建集合论，做出了巨大的牺牲。罗素将他描述为"喜欢争辩的人"，贝尔则说他是极为神经质且懦弱的人。我想，康托尔大概是这两面兼具之人吧。

基数

学习集合论的人最开始都会有一种感觉，那就是这个理论包含一些悖论式的内容。在有限的世界中无论如何也无法发生的事情，在无穷的世界里却不足为奇。要是可以的话，这种事情我们可能从一开始就想拒绝承认。

基数，其实就是将有限集合的元素个数这一概念扩展到无限集合中，仅此而已。

有限集合的元素个数，我们都已经很熟悉。对于这个概念，似乎已经没有再去进一步思考的空间。但是，为了将其扩展到无限集合中，我们必须重新来思考它。

之所以如此熟悉"有限集合的元素个数"这个概念，是因为我们知道"数词"。数词也就是

$$1, 2, 3, 4, \cdots$$

这样的表示数的语言。通过将有限集合中的元素与"$1, 2, 3, 4, \cdots$"这样的数词进行对应，也就是说，通过"数数"这种操作就可以方便地求得有限集合的元素个数。

但是，"数数"这种操作究竟是什么呢？

例如，我们可以将盘子上的橘子与头脑中的"$1, 2, 3, 4, \cdots$"这样的数词进行一一对应。当对应到"4"时结束，那么橘子的个数就是 4。此时，橘子的个数与盘中橘子的摆放方式是没有关系的（图 2-5），就算把橘子在盘中分成 2 个一堆或 3 个一堆也没关系（图 2-6）。

图2-5

图2-6

也就是说，不管这4个橘子具有怎样的"结构"，"4"这个个数是不改变的。这意味着，这里的4是与结构无关的概念。

此外，当我们数"1,2,3,4,…"时，从哪个橘子开始数、按照什么样的顺序数，都不会影响数数的结果（图2-7）。

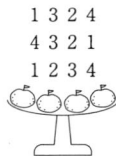

图2-7

数4个橘子的顺序一共有4! = 24种，但不管哪种顺序，数出的个数结果都是4。也就是说，选哪个橘子作为1，哪个橘子作为2，都没有关系。这意味着盘子上的所有橘子都被同等视之。也就是说，橘子被看作没有"个性"的东西。

接下来，我们用1,2,3,4,… 这样的数词去数苹果的集合、柿子的集合等，也都能平等地将集合的元素与数词相对应。

也就是说，以1,2,3,4,… 这样的数词为中介，1个橘子和1个苹果可以进行对应（图2-8）。这样一来，如果我们将数词这个中介消去，橘子的集合就和苹果的集合建立了一一对应的关系。

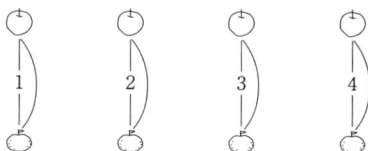

图2-8

也就是说，将集合中的苹果变成橘子，"4"这个个数也不会发生改变。

我们已经分析了许多关于有限集合元素个数的内容，现在就可以顺利地转移到"无限集合的元素个数"这个话题上了。

有限集合使用数词来表示集合的元素个数，但是无限集合中没有这种东西，所以必须考虑出一种新的定义，即在没有数词的情况下表示"元素个数相等"。

对于有限集合，两个集合的元素个数相等是指两个集合中的元素可以一一对应。这个定义可以直接扩展到无限集合中使用。

两个无限集合 A, B ，当它们的元素能够以某种方法恰好（不多不少）进行一一对应时，我们就可以说集合 A, B 具有相同的基数，也就是具有相同的元素个数。在日本，这种情况可以如下表示。

$$A \sim B$$

基数这个概念，可以说是元素个数在无限集合上扩展出来的东西。虽然不少人很想把～这个符号等同于＝，但是集合这种东西是无法直接用相等来描述的，所以希望大家注意，不要在集合中使用＝，而要使用～这个符号。

～虽然与 = 不相同，但与 = 拥有相似的性质。

（1） $A \sim A$ 。（反射性）

集合 A 的元素与其自身可以进行一一对应，这是理所当然的事情。

（2）如果 $A \sim B$ ，那么 $B \sim A$ 。（对称性）

一一对应这种关系，不管是从 A 到 B 来考虑，还是从 B 到 A 来考虑，都是可以的。

（3）如果 $A \sim B$ ， $B \sim C$ ，那么 $A \sim C$ 。（传递性）

这里是将集合 B 作为中介，让集合 A 与集合 C 建立起了一一对应的关系。

现在，想必大家都明白～与 = 非常相似了。

像这样，我们用～这个符号定义无限集合的"元素个数"，也就是"基数"。但是，仅仅如此还远远不够。我们必须更加具体地考虑各种无限集合要如何适用这种构想。

可数集

无限集合中最常见的便是 $1, 2, 3, 4, \cdots$ 这个自然数的集合。与自然数集合具有相同基数的集合称为可数集（可以赋予序号）。可数集的意思是，可以像" $1, 2, 3, 4, \cdots$ "这样逐个去数元素。虽然数不尽，但集合的所有元素必然都可以赋予其自然数的序号。

这种可数集的无限集合非常多。

例如，所有整数的集合就是可数无穷的。整数除了包含自然数，还包含 0 和负数。想必不少人觉得整数集合的元素个数肯定比自然数集合的多，但实际上整数集合元素与自然数集合的元素个数是相同的。这里的"相同"是指可以用某种"恰当的方法"在两个集合的元素之间进行一一对应。

如图 2-9 所示，从 0 开始按照正数、负数交替的顺序赋予其序号的话，整数就可以与自然数建立一一对应的关系。将其用式子来表示，可以写成 $(-1)^n \left\lfloor \dfrac{n}{2} \right\rfloor$ 的形式。注意，$\lfloor x \rfloor$ 是小于或等于 x 的最大整数。

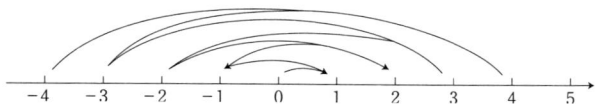

图2-9

另外，有理数集合的元素个数也是可数的。有理数在数轴上的排列非常稠密，直观上让人觉得它比自然数要多很多，但是二者集合的基数还是相同的。这就是初学集合论的人会遭遇的那种悖论式的事实。

证明有理数集合是可数集的方法如图 2-10 所示，以正有理数为分母和分子建立一个平面，平面上的格点如图中那样排列（0 和负有理数也按照同样的方法验证）。

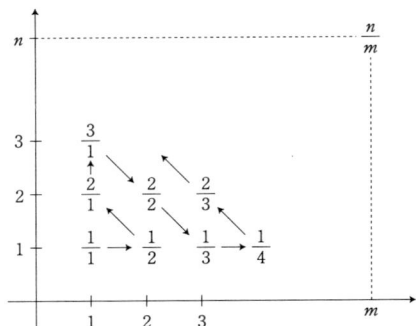

图2-10

如果逐一去访问这些格点，那么我们可以毫无遗留地访问所有的格点。在这里我们能注意到，$\frac{2}{2}$ 和 $\frac{2}{4}$ 实际上分别与1和 $\frac{1}{2}$ 相同，所以它们相当于已经出现过，访问的时候应该跳过。这样一来，对应关系可以如下表示。

$$
\begin{array}{ccccccc}
1 & 2 & 3 & 4 & 5 & 6 & 7 & \cdots \\
1 & \frac{1}{2} & \frac{2}{1} & \frac{3}{1} & \frac{1}{3} & \frac{1}{4} & \frac{2}{3} & \cdots
\end{array}
$$

我们也能注意到，$1,2,3,4,\cdots$ 这一排的数是逐渐变大的，而分数那一排的大小顺序是混乱的。

也就是说，这种一一对应无视有理数集合所具有的"大小顺序"结构。

让集合论初学者惊叹的秘密就在此处。对二者进行一一对应时，不少人容易将"结构"也考虑进去，这时就很难将自然数和分数进行一一对应。但如果无视"结构"，就能非常容易地进行对应了。

如果对象变成代数式的数（代数数）的集合，这种悖论式的东西就会更加明显。

我们可以将有理数写成整数系数的一次方程的根，即

$$a_0 x + a_1 = 0$$

将这里的"1 次"慢慢变为" n 次"也成立，它就变成了代数数。

代数数是具有整数系数 $a_0, a_1, \cdots, a_n$ 的 n 次代数方程的根。

$$a_0 x^n + a_1 x^{n-1} + \cdots + a_n = 0$$

这种代数数全体的集合也是可数的。这是由康托尔在 1874 年首次证明出来的，其论文的题目是《论所有实代数数集合的一个性质》。

证明这件事需要拥有非常高超的技巧，在如何恰当地分配序号这件事上，需要下一番功夫。例如，如果我们先把 1 次代数数隔离出来，为其分配自然数的序号，那么自然数就会用完，2 次代数数就无法分配到序号了。所以，依照系数的次数来分配是行不通的。

对于这个问题，康托尔的解决办法是同时考虑系数的大小与次数，从而顺利地解决了这一难题。为此，康托尔还创造了"高"（Höhe）这一概念。

$$a_0 x^n + a_1 x^{n-1} + \cdots + a_n = 0$$

的高是

$$N = n - 1 + |a_0| + |a_1| + \cdots + |a_n|$$

N 按照 $1, 2, 3, \cdots$ 这样的顺序取值，可以赋予其自然数的序号。N

中包含了次数 n ，所以不会产生之前我们提到的问题。

$N = 1$ 时，仅在

$$n = 1, \ a_0 = \pm 1$$

时，

$$\pm 1 x = 0, \ x = 0$$

$N = 2$ 时，仅在

$$n = 1, \ a_0 = \pm 2$$

$$\text{或} \ n = 1, \ a_0 = \pm 1, \ a_1 = \pm 1$$

$$\text{或} \ n = 2, \ a_0 = \pm 1$$

时，会有如下方程结果。

$$\pm 2x = 0, \quad \pm 1x \pm 1 = 0, \quad \pm 1 x^2 = 0$$

也就是说，一次方程和二次方程混在了一起。但是，这都是有限个的情况。按照这种高的顺序继续下去，可以将所有的情况都包含在内。

康托尔刚创立集合论时，他对数学中的这些无限集合究竟是否为可数的做过细致的集中研究。在他的研究结果中，令人意外的结论层出不穷。而之所以能够产生这些"意外"，正是因为他在进行一一对应时无视了集合的结构。

2.3 邀请之三

康托尔的目标

有限的数之间可以进行加减乘除和乘方等运算。将这种构想扩展到无限集合的基数，似乎也是康托尔的目标之一。

有限的数通过相加、相乘创造出新的数。对于无穷的情况来说，新的运算同样需要通过类似方式来生成。以这种方式创造出来的新数会具有怎样的性质呢？这引发了康托尔的关注。

康托尔在学术界堪称异类，所以他的反对者众多，朋友则似乎没多少。戴德金是他为数不多的朋友和支持者之一。

尽管如此，在对待无穷的态度上，戴德金仍然和康托尔存在分歧。

F. 伯恩斯坦（1878—1956）曾记录过这样一件事：

关于集合的概念，戴德金说："集合就像一个封闭的袋子，里面装着完全定义好的东西，我们看不到袋子里的东西，除了知晓其存在和定义，其他情况一概不知。"戴德金发表这番言论后不久，康托尔就明确表达了自己对集合的看法。康托尔挺起他魁梧的身躯，夸张地举起手，望向不确定的方向，说道："我认为集合是无底的深渊。"

鉴于戴德金对集合的这种观点，在将集合与集合组合起来创造出新的集合这件事上，他似乎并不积极。也就是说，对戴德金来说，将集合当作"封闭的袋子"进行比较才是与其观点相符的做法。

康托尔似乎对不断创造新的无限集合兴趣盎然。对于这样的康托尔来说，将集合看作无底深渊，也是顺理成章的事。

在康托尔的诸多发现中，最令人震惊的是，无限集合之间也存在程度上的差异。

如果仅从消极的意义看待无穷，将其视为"缺少边界之物"，那么所有的无穷看起来似乎都是相同的。但是，如果使用"一一对应"这种积极意义上的比较手段，就能发现无穷之间也存在大小之别。

最先为上述观点提供证据的，是关于"实数集是不可数的"的证明。证明"实数集是不可数的"时，不用去考虑实数集整体，只要证明实数集的一部分是不可数的，那么就相当于证明了实数集整体是不可数的。

在此，我们将 0 与 1 之间所有实数的集合作为研究对象，并将这个集合记为 M。

$$0.335407\cdots$$

$$0.41089\cdots$$

$$\cdots\cdots$$

$$\cdots\cdots$$

现在，我们使用反证法。假定集合 M 是可数的，那么 M 中的元素可以与"$1, 2, 3, 4, \cdots$"这样的自然数相对应。

例如，可以按如下方式进行对应。

$$1 \leftrightarrow 0.\mathbf{5}30124\cdots$$
$$2 \leftrightarrow 0.2\mathbf{4}8309\cdots$$
$$3 \leftrightarrow 0.72\mathbf{6}284\cdots$$
$$\cdots\cdots$$
$$\cdots\cdots$$

此时，请注意上面对角线上的数字。我们能发现对角线上有"$5, 4, 6, \cdots$"这样的数字排列着。

如果我们把对角线上的数字全都排列起来，那么也能得到一个无限小数。

$$0.546\cdots$$

但是，我们在此需要的并不是这个小数。我们需要的是与对应表中的所有小数在所有数位上数字都不同的小数。

我们可以通过这样的方法来构造这个小数：令小数点后第 1 位取除 5 以外的任意数字，第 2 位取除 4 以外的任意数字，第 3 位取除 6 以外的任意数字，以此类推。例如取

$$0.358\cdots$$

这个数介于 0 与 1 之间，当然是属于集合 M 的。

如果它属于集合 M，那么在集合 M 与自然数的对应表中，应该有它的容身之处。

假如对应表中的第 100 行是这个小数，那么其他位数姑且不

论，按照我们建立的一一对应关系，这个小数在小数点后的第 100 位数字必须和对应表中第 100 行的小数在该位上的数字一致。

但是，这个小数各个位数上的数字，是由不同于对应表对角线上的数字构成的。所以，这个小数不应该存在于上述对应表中的任何一行。也就是说，这个小数不属于集合 M。这与假设情况中这个小数属于集合 M 的事实相矛盾。

由此我们可以得出，"集合 M 是可数的"这一假设是错误的。也就是说，集合 M 是不可数的，它具有比自然数更大的基数。

集合论的"性格"

前文关于"实数集是不可数的"的证明，可以说充分展现了集合论这门学问的"性格"。

要理解这个证明不需要任何高深的知识，即使是把学过的所有定理、公式都忘了的人，从头阅读这个证明也完全能理解。要理解这个证明，只要知道实数可以展开成无限小数，并会用反证法（归谬法）即可。

从这一点上来看，对于想要重新学习数学的人来说，集合论是一个合适的契机。

即便是和数学无缘之人，也有不少人在中学时代有过"不喜欢代数，但很喜欢几何"的经历。之所以会这样，原因可能有很多，但一个主要的原因可能是，几何这门学问，即使忘记了先前所学知识，依然能理解并重新掌握。集合论在这方面与之极为相似。

从这个意义上讲，想要重新学习数学的人，不妨从学习集合论入手。

集合的乘方

在有限的数中，a^b 这种乘方运算表示将 b 个 a 相乘。

$$\underbrace{a \times a \times \cdots \times a}_{b}$$

不过，我们也可以进行如下思考。

集合 M 是 $\{1,2,3,\cdots,b\}$ 这些数的集合，集合 N 是 $\{1,2,\cdots,a\}$ 这些数的集合（图 2-11）。

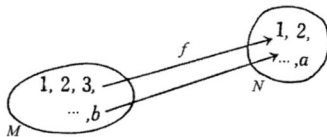

图2-11

将从集合 M 到集合 N 的映射记作 f。

$$M \overset{f}{\to} N$$

现在请尝试计算映射 f 总共有多少个（图 2-12）。计算可得，像这样的映射的总数如下。

$$\underbrace{a \times a \times \cdots \times a}_{b} = a^b$$

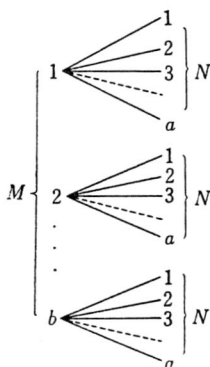

图2-12

也就是说， a^b 可以看作从有 b 个元素的集合 M 到有 a 个元素的集合 N 的映射的总个数。

在此，我们可以将这个定义反过来，即将从集合 M 到集合 N 的全体映射的集合定义为 a^b 。

当然，我们也可以不用映射这个说法。让 x 取集合 M 的元素，再让 y 取集合 N 的元素，则这样的所有函数的集合可以定义为 N^M 。

这样的话，这个定义就可以轻易扩展到 M, N 是无限集合的情况了。

用同样的思路继续思考，实数的不可数性又会如何呢？

像下面这样的无限小数

$$0.a_1a_2a_3 \cdots a_n \cdots$$

如果用另一种角度来看待，可以赋予其如下对应关系。

$$1 \rightarrow a_1$$
$$2 \rightarrow a_2$$
$$\cdots\cdots$$
$$\cdots\cdots$$
$$n \rightarrow a_n$$
$$\cdots\cdots$$
$$\cdots\cdots$$

因此，将集合 M, N 分别表示为

$$M = \{1, 2, 3, \cdots, n, \cdots\}$$
$$N = \{0, 1, 2, 3, 4, 5, 6, 7, 8, 9\}$$

则可以得出从 M 到 N 的一个映射，即将 M 映射到 N 的函数。

所以，像这样的无限小数的全体都可以表示为 N^M。

实数的不可数性，其实就是指 N^M 大于 M，仅此而已。

但是，无限小数

$$0.3999\cdots 与 0.4000\cdots$$

是相等的，这一点需要少许修正。

在这个证明中，十进制的小数并不能证明本质性的问题，如果我们能证明 n 进制的小数也是如此，那么就没问题了。在这里，我们使用二进制的小数来尝试展开。

在二进制下，$N = \{0, 1\}$。用二进制写小数的话，表示如下。

$$0.10110\cdots$$
$$0.0101110\cdots$$
$$\cdots\cdots$$

在二进制下，只使用 0 和 1 这两个数字。

我们随便选一个二进制小数，比如

$$0.10110\cdots$$

这个小数可以赋予以下这样的映射。

$$M\begin{cases} 1 & \to & 1 \\ 2 & \to & 0 \\ 3 & \to & 1 \\ 4 & \to & 1 \\ 5 & \to & 0 \\ \cdots\cdots \\ \cdots\cdots \end{cases}$$

也就是说，如果将 $M = \{1,2,3,\cdots\}$ 中与 1 对应的数的集合记为 P，那么我们可以得到一个理所当然的结论，即 P 是 M 的子集。

$$P = \{1,3,4,\cdots\}$$

也就是说，一个二进制小数，可以由 M 的子集来确定。

所以，思考这种映射的全体，无非就是思考集合 M 的子集的全体。实数的不可数性意味着自然数集合的所有子集是不可数的。

我们用 a 来表示可数集合 M 的基数，a 是德语 abzählbar（可数）的第一个字母。此处 N 的基数为 2，因此 N^M 的基数可以写成 2^a。

这样的话，实数的不可数性就可以用下面这个不等式来表示。

$$a < 2^a$$

子集的集合

通过前面的内容，我们知道了集合 M 所有子集的集合要比 M 大。那么，这个结论可以推广到一般化的情况中吗？

对于有限集合，情况确实如此。

集合为 {1} 时，其子集为 {{},{1}}，基数为 2^1。

集合为 {1,2} 时，其子集为 {{},{1},{2},{1,2}}，基数为 2^2。

……

由此可得，一般情况如下。

$$n < 2^n$$

所以，对于有限集合而言，该结论对于一般情况也成立。

其实，这个结论对于无限集合也是成立的。

"对于某个集合 M ——不论其是有限集合还是无限集合——其所有子集的集合 $\mathfrak{M}$ 要比集合 M 大。"

这里的"大"是集合论意义上的大，即 M 虽然可以与 $\mathfrak{M}$ 的某些子集进行一一对应，但无法与其全体进行一一对应。

在此，为了不让思路中断，我们可以将 $\mathfrak{M}$ 看作从集合 M 到 $N = \{0,1\}$ 的映射。

$M \to N$ 之间存在一个映射 f 时，与 1 对应的 M 的元素就会成为 M 的子集，所以 $\mathfrak{M}$ 可以看作 N^M。

N 的基数为 2，M 的基数如果记为 m 的话，则 $\mathfrak{M}$ 的基数便为 2^m。

所以，我们需要证明的事就可以用以下不等式来表示。

$$m < 2^m$$

之前，我们证明了实数的不可数性是 $a < 2^a$，所以此处我们只需将 a 扩展到一般情况的 m 即可。

虽不能完全以相同的方法去证明，但是只要动动心思，就可以进行类推。

$\mathfrak{M}$ 的元素是集合 M 到集合 N 的映射 f，所以可以将其写成以下形式。

$$y = f(x)$$

我们先假定以下情况，即 $\mathfrak{M}$ 与集合 M 刚好能够一一对应。

$$f \leftrightarrow x$$

与 x 对应的 f 可用 f_x 来表示。

在此，从这个对应我们可以得到下面这样的映射 φ。φ 对于 M 的所有 x 有以下关系。

$$\varphi(x) = 1 - f_x(x)$$

其中，因为 φ 属于 $\mathfrak{M}$，所以它与 $\mathfrak{M} \leftrightarrow M$ 对应中的 M 的元素 x' 相对应。

$$\varphi \leftrightarrow x'$$

根据与 x' 对应的 $f_x{}'$ 可知，x' 与 $f_x{}'(x')$ 对应，但是因为

$$\varphi(x') = 1 - f_x{}'(x')$$

所以 x' 有

$$\varphi(x') \neq f_x{}'(x')$$

所以，f 与 φ 是不同的映射。这是矛盾的。

因此，"$\mathfrak{M}$ 与 M 是一一对应的"这个最初的假设是错误的。

我们也能轻松地证明 M 无法与 $\mathfrak{M}$ 的子集进行一一对应。将 M 的元素 x 与仅由 x 构成的子集 $\{x\}$ 进行对应便可知。

仔细思考这个证明方法，我们会发现它与 $a < 2^a$ 的证明源于相同的构想。

这个定理意味着，不管是多么大的集合，该集合的所有子集所构成的集合，都要比该集合更大。也就是说，不管一个无限集合有多大，仍然会存在比它更大的集合。

康托尔把集合比喻为无底的深渊，或许指的就是这件事。也就是说，从 a 出发，逐渐创造出

$$a, \quad 2^a, \quad 2^{\left(2^a\right)}, \quad 2^{2^{\left(2^a\right)}}, \cdots$$

的话，集合会永无止境地变大下去。

2.4 邀请之四

集合

如果我们想研究某个机器的结构，那么大致会按照以下阶段来思考。

（1）该机器是由哪些部件构成的。

（2）这些部件是以什么样的方式连接在一起的。

第一阶段将机器先拆解为部件，这一过程可类比集合论的操作。至于第二阶段所关注的各个部件之间是如何连接的，我们暂且搁置不议。

数学不研究具体的机器，而是研究如何将头脑中思考的东西组装起来。比如，数学会考虑把一条直线分解成点的情况。但在实际情况中，直线并不能被分解成点。这是因为数学中那种没有宽度、只有长度的直线在现实中是不存在的。同样，在现实中更不可能把这种直线分解成既没有宽度又没有长度的点。严格来说，把直线分解成点，只有在虚构的世界里才能做到。

若在集合论中行此事，则会先把直线分解成点，再数点的个数。不过，这仅仅完成了一半的工作，还有另一半工作尚未完成，即把分解出的部件重新组装起来。

完成这个第二阶段工作的人并不是康托尔，而是希尔伯特。

康托尔是否清楚地意识到即将到来的第二阶段的工作呢？从康托尔所做的工作来看，我们推测他似乎并没有清楚地意识到这一点。他的主要目的是将 $1, 2, 3, \cdots$ 这样的有限集合的元素个数及其计算方法扩展到无限集合的元素个数中。

从这一点来看，把第二阶段的工作清清楚楚地摆在数学家眼前的，就是希尔伯特。

希尔伯特说："谁也不能把我们从康托尔为我们建造的乐园中驱逐出去。"

希尔伯特所言之事，指的就是集合论的第二阶段。

公理

在希尔伯特的这个方向上，产生了数学领域一个极为重要的思想——公理主义。

要想将拆解得到的七零八落的部件组装起来，就需要一定的设计图。例如，将收音机的部件组装成收音机，需要收音机的接线图。这个接线图对应的就是希尔伯特所言的公理。

在欧几里得那里，公理是以命题的形式阐述的不容置疑、不言自明的事实的东西。但在希尔伯特这里，公理不再是这种东西，而是成了能够将分解出的元素组合起来的设计图。所以，此时的公理不必是不言自明的事实，而是只要满足不包含内部矛盾这一最低限度的条件即可。在这个意义上，我们可以非常自由地设定公理。

希尔伯特审视公理的新角度，彻底解放了数学家的构想力。

我们可以将其与建筑设计师的工作进行比较。建筑设计师设计建筑时会如何思考呢？

一方面，建筑设计师会先大胆地运用自己的构想力，去设计一座新的建筑。在这一点上，建筑设计师被赋予了完全的自由。

但是另一方面，建筑设计师也受到重要的限制，那就是设计必须遵循力学的法则。说得极端一点，不管构想多么自由，建筑设计师也不能设计出飘浮在空中的、没有柱子支撑的建筑。

数学家的工作和建筑设计师的这种情况非常相似。一方面，数学家可以自由地选择公理，或者说公理系统。另一方面，公理系统也不能有逻辑上的矛盾。建筑设计师那边的力学法则，就相当于数学家这边的逻辑法则。

建筑设计师在遵循力学法则的前提下是完全自由的。与之类似，数学家在遵循逻辑法则的前提下也是完全自由的。

不过，关于希尔伯特的公理的故事，至此我只讲了一半。

我方才所言的这种自由究竟是什么呢？

建筑设计师在遵循力学法则的前提下，可以完全自由地建造建筑物。但这些建筑物也有好坏之分、美丑之别。此时，区分好坏美丑的标准不再是力学的法则，因为不管是好的建筑还是坏的建筑都应该遵循力学的法则。这种好坏美丑上的区别，应当基于建筑物的使用目的和审美标准来判断。

数学家设定的公理系统也是如此。

数学家凭借被赋予的自由去设定公理系统，这些公理系统同样有好坏美丑的区别。同样地，此时区分公理系统的标准不再是逻辑上的对错，而要从使用目的和审美标准中寻求。

如果限制条件仅仅是不包含逻辑矛盾，那么数学家可以想出非常多不同的公理系统。而面对如此繁多的公理系统，其选择标准却尚未明确。

所以，如果恶意利用这一点，就会有这样的危险：每个数学家都随心所欲地想出不同的公理系统，每个人都研究完全不同的数学。那样的话，数学就不是"百万人的数学"，而是"每个人的数学"了。

诚然，这种危险是可以预见的。实际上，在希尔伯特公理主义诞生之时，就有人针对这种危险发出了警告。不过，从数学后来的发展趋势来看，数学并没有陷入这样的险境。

设定公理系统固然是自由的，但这种自由并非毫无节制、肆意妄为。数学家设定公理系统时会参照我们身处的自然和社会的内在规律，他们并没有滥用被赋予的自由。

冯·诺伊曼（1903—1957）在《数学家》（*The Mathematician*）这篇随笔中这样写道：

……在我看来，有关数学最本质特征的事实，在于它与自然科学，或者更宽泛地说，与所有超越"以描述阐释经验"阶段的科学之间的特殊关系。

数学家和许多其他人都认同数学不是经验性的科学，或者至少认为数学研究与经验性科学的技巧在某些决定性的点上存在不同。尽管如此，数学的发展还是和自然科学紧密相连。现代数学中最好的灵感（我个人认为最好的）便源自自然科学。数学方法覆盖并支配着自然科学的"理论"领域。在现代的实验科学中，能否用数学的方法或接近数学的物理学方法进行近似，是实验成功与否的重要标准。事实上，整个自然科学都在试图接近数学，并且从科学进步的构想上来看的话，我们能看到一系列科学的"变种"几乎是一致的。生物学逐渐被化学和物理学所覆盖，化学则被实验物理学和理论物理学所覆盖，物理学正在被理论物理学的数学形式所覆盖。

数学的本质具有非常特殊的双重性。我们在思考数学的本质时，必须理解、承认、消化这种双重性。这种双重面貌就是数学的面貌，对于这种双重性，任何简单、单一化的观点都会牺牲掉数学的本质。

因此，我并不想向诸位读者提供单一化的看法。我想尽可能地描述数学这种多元现象……

冯·诺伊曼所说的双重性，换种方式可以分条表述如下：

（1）只要逻辑上没有矛盾，设定任何公理系统都是自由的；

（2）公理系统源于我们生活的世界中的某些规律。

这两点既是赋予数学自由的条件，也是约束其自由的准则。

数学会如冯·诺伊曼所说的那样停留在这种双重性上吗，还是说，其背后隐藏着能够统一这种双重性的共同本源呢？

或许有人认为，人的想法再怎么天马行空，也无法脱离自然的宏观规律，毕竟人本身就是自然的一部分。

要想统一这种双重性，我们当然也可以去发明各种巧妙的"新术语"。但是，这样做并无实际意义。

这里需要强调的是，与其说是这种难以相容的双重性始终贯穿于数学之中，毋宁说是数学建立在这种双重性的平衡之上。而且，这种平衡与其说是静态的，不如说是动态的。当一方处于优势时，另一方就会努力去超越对方。这可以说是数学双重性的动态平衡。

无论如何，不可否认的是，希尔伯特的公理主义使数学的本性鲜明地浮现出来，并提供了一个全新的角度让我们重新思考"数学是什么"这个问题。

同构性

希尔伯特没有用"结构"这个词，但他的意思指的正是"结构"。

希尔伯特在给弗雷格（1848—1925）的信中这样写道：

我所说的点是，对于任意的东西（例如爱、法则、打扫烟囱的人……）的体系，我所说的公理的全体，考虑的都是这些东西之间的关系。所以，我所说的定理，例如毕达哥拉斯定理，对于这些东西也应该成立。

希尔伯特所说的公理，并不考虑"关于什么"这个问题，其重点在于"对于什么类型的关系成立"。

布卢门塔尔（1876—1944）还讲述过另一个类似的故事。

有一次，在柏林车站的候车室里和其他数学家讨论时，希尔伯特这样说道："把点、直线、平面随时换成桌子、椅子、啤酒杯也没问题。"

这大概也是想说，具体所指物是什么都可以，关键在于关系的类型。不关注"具体是什么"，而把注意力放在"它们之间有什么关系"上，看起来确实是在无视自然的顺序。关于这一点，我认为对于一般人来说可能是不好理解的。

但在这一点上，我们可以看到希尔伯特思考方法的创新之处。

在我们生活的世界里有着一种奇妙的现象，即存在同一类型的关系，或者说，即使不能完全相同，也会存在相似的关系。而且，在完全不同的事物中也可能存在相同类型的关系。

如果没有这样的事实存在，那么数学这门学科本身也就不会产生了。$\sin x$ 和 $\cos x$ 诞生于直角三角形，为什么它们也出现在单弦振动中呢？想一想还真是不可思议。圆周率 π 为什么会出现在高斯误差定律中呢？

电势的微分方程

$$\frac{\partial^2 u}{\partial x^2} + \frac{\partial^2 u}{\partial y^2} + \frac{\partial^2 u}{\partial z^2} = 0$$

为什么会出现在重力势中，又为什么会出现在流体力学中呢？明明具体的事物不同，规律的类型也各不相同，为什么会经常出现同样的规律呢？难不成是"造物主"懒得给不同的现象赋予不同的规律，便用同一类型的规律来匹配不同的事物？

这种由"造物主"的懒惰所导致的事实，对数学家来说，是绝佳的研究机会。

数学家不会在乎 u 具体是电势还是重力势，或是没有旋涡的流体速度势，只会将其作为单纯的抽象函数，探索其性质。数学研究的成果，最后似乎也适用于电、重力和流体领域。

把这种具有同构关系或具有某种规律的众多现象放在一起研究，便是数学这门学问自诞生以来所做的事情。

其实，希尔伯特的新构想也不过说的就是这件事。从这个意义上来看，可以说这并不是什么新东西，只是希尔伯特用明确的语言将它描述了出来。

结构

在"构成前所未有的新东西"这一点上，数学与建筑学非常相似，"结构"（structure）这个词似乎也是取自建筑学。这在布尔巴基的论文《数学的建筑》中有记载。

建筑物是由木材、石头、水泥、玻璃等物质组成的，而数学的"结构"是由点、直线、数、函数、集合、命题、操作等概念组成的。这些概念虽并非物质实体，但也并非与物质毫无关联，它们实际上是客观世界中某些事物的抽象呈现，这是不争的事实。

结构可以被视为依据一定法则将这些元素关联起来的有机统一体。而用语言阐述这些关联法则的内容，便是公理。

只要不出现逻辑矛盾，构想什么样的公理系统都是自由的。这也意味着，构想什么样的结构也都是自由的。

截至目前，尚没有标准可以用来判断在无数可能存在的结构中哪个重要、哪个无用。但是，我们所在的世界中出现次数最多的结构理应优先得到研究。这样的话，我们也就有了选择的衡量标准。

例如，实数集就是这样一种结构。它不是零散的数的集合，而是通过代数层面的加减乘除运算相互关联形成的域，从拓扑学角度看，它是一维的连续空间。

实数集不过是无数可能存在的结构中的一种，但对于探究客观世界的法则来说，它是最强有力的结构。因此，实数集最早成为研究对象，这个选择无疑是正确的。

除了实数以外，可能还存在无数其他不同的结构，但它们并未成为研究对象，因为即使对其展开研究，也找不到可以适用的场景。

可以说，希尔伯特赋予了数学家思考和研究任何结构的自由，而数学家并没有滥用这种自由。

当然，确实也存在一些滥用自由，构想出无聊结构的例子。

但是，这种"越界"行为对于自由而言是难以避免的，如果因此就去限制自由，那种做法是错误的。

实际上，思想上的探索大多会伴随"越界"的风险。

2.5 邀请之五

群

历史上最早登场的结构应该是群。群是满足以下公理的集合，一般用符号 G 来表示。

（1）对于 G 的任意 2 个元素的组合 a, b，将其与 G 中其他的元素 c 对应。用函数的符号可以表示为

$$f(a, b) = c$$

即定义出了以 G 的元素为变量的双变量函数。

（2）$f(a, b)$ 满足以下条件。

对于任意 3 个元素，有

$$f(f(a, b), c) = f(a, f(b, c))$$

这称为结合律。

（3）对于所有的 a，存在 e，使得 $f(a, e) = a, f(e, a) = a$。这样的 e 称为单位元。

（4）对于所有的 a，存在且唯一存在 b，使得 $f(a, b) = e$，$f(b, a) = e$。这样的 b 称为 a 的逆元。

当满足以上条件的双变量函数 $f(a, b)$ 能在集合 G 上被定义时，G 就称为群。

在此，我们能很明显地看出，群是一种结构。但是仅仅停留于此，我们还无法了解为什么群的威力会浸透整个数学领域，甚至扩展到其他学科。因此，有必要对这个问题做进一步说明。

为了说明群的威力，有必要先举几个实例。

在此之前，我们先将 $f(a,b)$ 简写为 ab ，因为每次都写 $f(a,b)$ 有些麻烦。虽然 ab 这种写法是乘法的形式，但这与数之间的乘法没有关系。代入这种简写形式，前文的条件（2）、（3）、（4），可以分别表述如下。

（2）对于任意 3 个元素，有 $(ab)c = a(bc)$ 。

（3）对于所有的 a ，存在 e ，使得 $ae = a, ea = a$ 。这样的 e 称为单位元。

（4）对于所有的 a ，存在且唯一存在 b ，使 $ab = e, ba = e$ 。这样的 b 称为 a 的逆元。这样的 b 可以写成 a^{-1} 。

现在，我们来看几个群的例子。

在正三角形的中心钉一个大头针，并逆时针旋转三角形。如图 2-13 所示，将正三角形旋转 120° 的操作记为 a ；将正三角形旋转 240° 的操作记为 b ；将正三角形旋转 0° 也就是不发生变动的操作记为 e 。将这三个操作记为集合 G ，有

$$G = \{e, a, b\}$$

我们将"先执行 a 操作，之后再执行 b 操作"的情况用 ab 表示。 ab 的情况相当于正三角形旋转了 360° ，这与正三角形未发生变

动的 e 是相同的，即

$$ab = e$$

也就是说，ab 这种乘法意味着连续进行了两种操作。

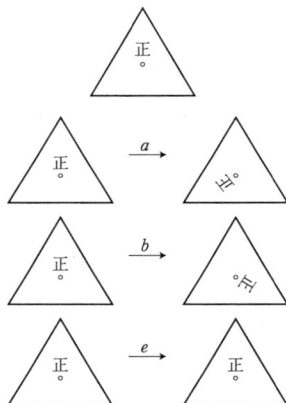

图2-13

  a, b, e 这三种操作之间的乘法的结果如表 2-1 所示，表中清晰呈现了集合 G 的乘法的所有情况，即该表决定了作为结构的群的类型。

表 2-1

	e	a	b
e	e	a	b
a	a	b	e
b	b	e	a

观察表 2-1，我们可以发现，a 的逆元 a^{-1} 是 b，b 的逆元 b^{-1} 是 a，e 的逆元当然是 e 自己。

$$a^{-1} = b, \quad b^{-1} = a, \quad e^{-1} = e$$

这个群是由 3 个元素构成的。群的元素个数又称群的阶（order），所以我们可以说这个群的阶是 3。

将一个相同的正三角形与之前的三角形重叠，或者翻过来重叠，那么这个群的操作数就会增加。此时，这个群的阶就会变成 6（图 2-14）。这个群的乘法表如表 2-2 所示。

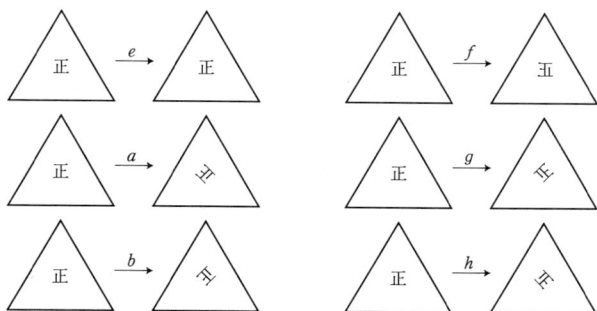

图 2-14

观察表 2-2，可以看到

$$af = g, \quad fa = h, \quad bf = h, \quad fb = g, \quad \cdots$$

由此可以发现，操作的顺序发生变化，结果也会不一样。

一般情况下，对于群的乘法，交换律是不成立的。这一点与数的乘法非常不一样。

稍微思考一下就会发现，这也是理所当然的——群的元素是操作，实施操作的顺序不同，其结果自然也就不同。

表 2-2

	e	a	b	f	g	h
e	e	a	b	f	g	h
a	a	b	e	g	h	f
b	b	e	a	h	f	g
f	f	h	g	e	b	a
g	g	f	h	a	e	b
h	h	g	f	b	a	e

在化学实验中，实验人员稀释硫酸时，如果采取的操作是向水中加入硫酸，就不会有危险。但是，如果搞错了顺序，向硫酸中加入水，则会非常危险，这点一定要注意。稀释硫酸是不能改变顺序的例子之一，如果继续找下去，会发现这类例子不胜枚举。即便是在烹饪中，如果更改煮、煎、加盐等一系列操作的顺序，那么也会得出味道不同的菜肴。在围棋和象棋中，如果改变两步棋的顺序，则可能影响整个棋局。

这样看来，群的乘法作为一种"操作的连续实施"，无法进行交换也很正常。

当然，并非所有群的乘法都无法进行交换。那些可以进行交换的群被称为交换群或阿贝尔群。阿贝尔群这个名字，是为了纪念英年早逝的挪威数学家 N.H. 阿贝尔（1802—1829），因为阿贝尔开展了交换群相关内容的重要研究。我们最开始用来举例的阶是 3 的群就是一个阿贝尔群。

置换群

既然提到了操作，那我们就必须考虑操作本身，但实际上这不是一件容易的事。对于操作而言，必须有可被实施操作的对象才行。因此，群的操作形式多为"对什么东西做某种变动"。例如，某个群的操作所要变动的对象是由 n 个元素构成的集合，该集合是不具有任何关系的"无结构"集合，我们用 $1, 2, 3, \cdots, n$ 这些数字来表示它，其形式如下。

$$M = \{1, 2, 3, \cdots, n\}$$

将这 n 个数字进行替换的操作一共有多少个呢？当然是 $n!$ 个，即"将 n 个元素的集合进行扰动"这一操作的全体。

当 $n = 3$ 时，操作共有 $3! = 1 \times 2 \times 3 = 6$ 个，如下所示。这里的符号的意思是，用括号中下面一行的数字来替换上面一行的数字。

$$\begin{pmatrix} 1 & 2 & 3 \\ 1 & 2 & 3 \end{pmatrix} = e, \quad \begin{pmatrix} 1 & 2 & 3 \\ 2 & 3 & 1 \end{pmatrix} = a, \quad \begin{pmatrix} 1 & 2 & 3 \\ 3 & 1 & 2 \end{pmatrix} = b$$

$$\begin{pmatrix} 1 & 2 & 3 \\ 1 & 3 & 2 \end{pmatrix} = f, \quad \begin{pmatrix} 1 & 2 & 3 \\ 3 & 2 & 1 \end{pmatrix} = g, \quad \begin{pmatrix} 1 & 2 & 3 \\ 2 & 1 & 3 \end{pmatrix} = h$$

像这样，能将 n 个数字或字母进行替换的操作所构成的群，就称为置换群。

当 $n = 4$ 时，所有的置换共有 $4! = 24$ 个。像这样，n 个数字或字母的所有置换所构成的群称为对称群。

当 $n = 4$ 时，对称群的阶当然是 $4! = 24$。

但是，如果让 1、2、3、4 这 4 个数字按照一定的条件排列，那么满足该条件的置换所构成的群的阶要比 24 小。

例如，我们让 1、2、3、4 排列成环状（图 2-15），即相邻的两个数字必须永远相邻。那么，满足这个条件的置换有如下 8 个。

$$\begin{pmatrix} 1 & 2 & 3 & 4 \\ 1 & 2 & 3 & 4 \end{pmatrix}, \begin{pmatrix} 1 & 2 & 3 & 4 \\ 2 & 3 & 4 & 1 \end{pmatrix}, \begin{pmatrix} 1 & 2 & 3 & 4 \\ 3 & 4 & 1 & 2 \end{pmatrix}, \begin{pmatrix} 1 & 2 & 3 & 4 \\ 4 & 1 & 2 & 3 \end{pmatrix}$$

$$\begin{pmatrix} 1 & 2 & 3 & 4 \\ 2 & 1 & 4 & 3 \end{pmatrix}, \begin{pmatrix} 1 & 2 & 3 & 4 \\ 1 & 4 & 3 & 2 \end{pmatrix}, \begin{pmatrix} 1 & 2 & 3 & 4 \\ 4 & 3 & 2 & 1 \end{pmatrix}, \begin{pmatrix} 1 & 2 & 3 & 4 \\ 3 & 2 & 1 & 4 \end{pmatrix}$$

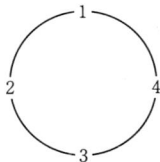

图2-15

这样我们就得到了 8 个置换，可以由此建立一个阶为 8 的群。

对于这个群，当 1、2、3、4 是正方形的 4 个顶点时，这个群就成了让对象与该正方形重叠的操作了（图 2-16）。

这 8 个置换中，上面一行的 4 个置换分别代表让正方形旋转 $0°$、$90°$、$180°$、$270°$。将让正方形旋转 $90°$ 记为 a 的话，这 4

个置换可分别表示为

$$e, a, a^2, a^3$$

让 $\begin{pmatrix} 1 & 2 & 3 & 4 \\ 2 & 1 & 4 & 3 \end{pmatrix} = b$ ，那么它可以看作图 2-17 的情况，即让正方形沿虚线轴翻转。

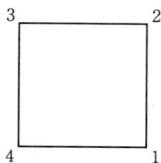 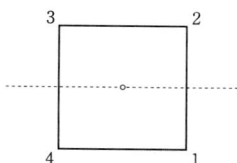

图2-16   图2-17

这样一来，8 个置换中的下面一行的 4 个置换就可以分别表示为

$$b, ab, a^2b, a^3b$$

这里我们能发现，$b^2 = e$，所以可以得出 $b^{-1} = b$。

计算 $b^{-1}ab$，可以得出其结果为 a^3，即

$$b^{-1}ab = a^3$$

$$ab = ba^3$$

从式子的左边开始乘以 a，可以得到

$$a^2b = aba^3 = ba^3 \cdot a^3 = ba^6 = ba^2 \cdot a^4 = ba^2$$

再从式子的左边开始乘以 a，可以得到

$$a^3b = aba^2 = ba^3 \cdot a^2 = ba^5 = ba$$

在此，我们可以制作出如表 2-3 这样的乘法表。

表2-3

	e	a	a^2	a^3	b	ab	a^2b	a^3b
e	e	a	a^2	a^3	b	ab	a^2b	a^3b
a	a	a^2	a^3	e	ab	a^2b	a^3b	b
a^2	a^2	a^3	e	a	a^2b	a^3b	b	ab
a^3	a^3	e	a	a^2	a^3b	b	ab	a^2b
b	b	a^3b	a^2b	ab	e	a^3	a^2	a
ab	ab	b	a^3b	a^2b	a	e	a^3	a^2
a^2b	a^2b	ab	b	a^3b	a^2	a	e	a^3
a^3b	a^3b	a^2b	ab	b	a^3	a^2	a	e

这个群的乘法表便如表2-3所示。不过，这种表并没有必要每次都写出来，因为只要使用

$$a^4 = e, \ b^2 = e, \ ab = ba^3$$

这些关系式就能推导出该表的全部内容。

我们再来考虑更为一般化的情况，即群是将对象与正多边形重叠的操作的情况。

将正 n 边形的顶点记为 $1, 2, 3, \cdots, n$ ，将图形旋转 $\dfrac{360°}{n}$ 的操作记为 a 。

将"旋转"转化为顶点的置换，情况如下。

$$\begin{pmatrix} 1 & 2 & 3 & 4 & \cdots & n \\ 2 & 3 & 4 & 5 & \cdots & 1 \end{pmatrix} = a$$

旋转 n 次的话，图形又会回到最初的状态，所以可以得到 $a^n = e$（图 2-18）。

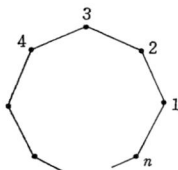

图2-18

如果把"翻转"也考虑进去，操作便会增多。

若将围绕通过顶点 1 的对称轴翻转图形的操作记为 b，可以得出下面的式子。

$$b = \begin{pmatrix} 1 & 2 & 3 & \cdots & n \\ 1 & n & n-1 & \cdots & 2 \end{pmatrix}$$

$$b^2 = e$$

b 与 a 的关系则为

$$b^{-1}ab = \begin{pmatrix} 1 & 2 & 3 & \cdots & n \\ 1 & n & n-1 & \cdots & 2 \end{pmatrix} \begin{pmatrix} 1 & 2 & 3 & \cdots & n \\ 2 & 3 & 4 & \cdots & 1 \end{pmatrix}$$

$$\begin{pmatrix} 1 & 2 & 3 & \cdots & n \\ 1 & n & n-1 & \cdots & 2 \end{pmatrix}$$

$$= \begin{pmatrix} 1 & 2 & 3 & \cdots & n \\ n & 1 & 2 & \cdots & n-1 \end{pmatrix} = a^{n-1}$$

即

$$b^{-1}ab = a^{n-1}$$

将该式子两边都平方，则

$$\left(b^{-1}ab\right)\left(b^{-1}ab\right) = a^{n-1} \cdot a^{n-1}$$

$$b^{-1}a^2b = a^{2(n-1)}$$

继续对式子的两边进行 3 次方、4 次方……一直到 k 次方运算的话，可以得到如下结果。

$$b^{-1}a^kb = a^{k(n-1)}$$

有了上面这个关系式，我们就可以得出该群的阶为 $2n$，并且可以知道它是由下面的元素构成的。

$$G = \left(e, a, a^2, \cdots, a^{n-1}, b, ab, a^2b, \cdots, a^{n-1}b\right)$$

这个群称为二面体群（dihedral group）。二面体群是将正多边形与它自己进行重叠的操作所构成的群。从立体的角度来看，二面体群就是将图 2-19 中的物体（这个东西就是二面体）与其自身进行重合的群。

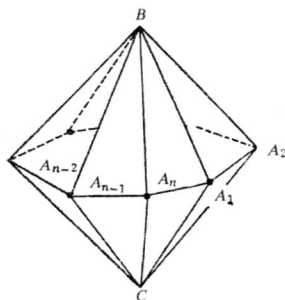

图2-19

这个物体是以与正多边形 $A_1A_2\cdots A_n$ 的中心距离相等的 B, C

为顶点的多面体，整体形状有点像陀螺。a 是顶点 B, C 不动时的旋转操作，b 是将 B, C 互换位置的颠倒操作。

我们将这样进行重叠操作的群用 D_n 表示，将不包含翻面旋转的群用 C_n 表示。

如此，将正三角形进行重叠操作的群就是 D_3，将正方形进行重叠操作的群就是 D_4。

从上述内容可知，对于正多边形，我们可以建立如下这些群。

$$C_1, C_2, C_3, \cdots, C_n, \cdots$$
$$D_1, D_2, D_3, \cdots, D_n, \cdots$$

C_n 这边是交换群，而 D_n 这边是非交换群。

子群

如同集合有子集一样，群也有子群。子群就是群的子集，并且仅由一个子集便可以创造出一个群。

下面以前文提到的 D_4 为例来看一下子群。如果按子集来算，那么只有

$$2^8 = 256$$

个，所以 D_4 的子群当然也不会很多。

首先，我们可以看到其子群有 C_4，即

$$\left\{e, a, a^2, a^3\right\}$$

其次，还有

$$\left\{e, a^2, b, a^2b\right\}, \left\{e, a^2, ab, a^3b\right\}$$

另外，还有

$$\left\{e, a^2\right\}, \{e, b\}, \{e, ab\}, \left\{e, a^2b\right\}, \left\{e, a^3b\right\}, \{e\}$$

与子集一样，D_4 自身也含在子群之中。根据以上情况我们可知，D_4 的子群的阶都是 $8, 4, 2, 1$，即 8 的因数。

另外，我们还能发现，$\{e\}$ 这个阶为 1 的群，含在子群之中。

阶为 3 或 5 等非 8 的因数的群，不含在子群之中。

将这些情况进行一般化推广，可以得到如下定理：

定理 某个群 G 的子群的阶，是 G 的阶的因数。

关于这个定理的证明，稍后我会详细讲述。

2.6 邀请之六

子群的阶

证明　设群 G 包含子群 g，可以用符号如下写出。

$$g \subset G$$

在此，如果存在不包含在 g 中的 G 的元素，那么我们把这些元素中的任意一个元素记为 a_1。然后，将 a_1 与 g 的所有元素从右侧相乘所得的元素的整体用 $a_1 g$ 表示。

如果还存在不包含在 g 与 $a_1 g$ 中的元素，则将其记为 a_2。同样，我们可以创造出 $a_2 g$ 这个集合。一直这样重复，我们可以得到

$$g, a_1 g, \cdots, a_{k-1} g$$

直到 G 中没有剩余的元素。也就是说，集合 G 可以如下表示。

$$G = g + a_1 g + a_2 g + \cdots + a_{k-1} g$$

这里的"＋"表示的是集合的合并。

在这个式子里，一般情况下式子的各项会存在共同部分，但当 g 是 G 的子集时，各项则不存在共同部分。

如果 $a_i g$ 与 $a_j g$ 存在共同元素，则

$$a_i g_r = a_j g_s \quad （\, g_r, g_s \text{ 是 } g \text{ 的元素}\,）$$

可得

$$a_i = a_j g_s g_r^{-1}$$

$g_s g_r^{-1}$ 是 g 的元素，这与 a_i 属于 $a_j g$ 的假设相矛盾。

所以，$g, a_r g, a_s g, \cdots, a_{k-1} g$ 之间不存在共同部分。

另外，$g, a_1 g, a_2 g, \cdots, a_{k-1} g$ 都含有相同个数的元素。这是因为，$a_i g$ 与 $a_j g$ 之间

$$a_i g_s \leftrightarrow a_j g_s$$

的这种关系是一一对应。

因此，g 的阶乘以 k 的结果就是 G 的阶。也就是说，G 的阶可以被 g 的阶整除。（证明完毕。）

将上面的内容简洁地表示出来的话，就是当

$$G \text{ 的子群 } \quad g = \left\{ g_1, g_2, \cdots, g_m \right\}$$

存在时，如果适当地选取 G 中的子集 A，

$$A = \left\{ e, a_1, a_2, \cdots, a_{k-1} \right\}$$

对于 G 的所有元素假设 $e = a_0$，那么可以用下面的形式全部表示出来。

$$a_i g_s \begin{cases} i = 0, 1, 2, \cdots, k-1 \\ s = 1, 2, \cdots, m \end{cases}$$

它们也可以用下面这种方形的排列方式表示出来。

$$\begin{bmatrix} g_1 & a_1 g_1 & a_2 g_1 & \cdots & a_{k-1} g_1 \\ g_2 & a_1 g_2 & a_2 g_2 & \cdots & a_{k-1} g_2 \\ \vdots & \vdots & \vdots & & \vdots \\ g_m & a_1 g_m & a_2 g_m & \cdots & a_{k-1} g_m \end{bmatrix}$$

当然，这个方形中不存在任何两两相等的元素。

有人将这个方形中竖向列中排列的元素集合称作副群（nebengruppe）。然而，除 g 之外的 $a_1g, a_2g, \cdots, a_{k-1}g$，它们自身绝对不是群，因为它们不包含单位元。因此，认真说起来的话，副群这个名字并不恰当。鉴于此，最近它开始被叫作右陪集。a_ig 是 g 从右边进行相乘的，所以才叫右陪集。如果是 ga_i，则可以称其为左陪集。

从上述事实可以看到，群的阶与群的结构具有相当紧密的联系。但是，知道群的阶，并不意味着就确定了群的结构。有许多群的阶相同，但结构并不一样。所以,说群的阶与群的结构具有"相当紧密的联系"，或许也容易让人产生误解。

同构

那么，具体应该如何来判断两个群是否具有相同的结构呢?

要想做出判断，我们需要先回忆一个要点，即群的结构其实就是决定群的乘法的总体。

如果 G, G' 这两个群的乘法表完全相同，那么就可以说它们具有相同的结构（表 2-4）。

也就是说，G, G' 的元素之间能够恰好建立一一对应的关系，而且元素相乘后的结果也能建立一一对应的关系。

$$G = \left\{ a_1, a_2, \cdots, a_i, \underbrace{\cdots, a_k}, \underbrace{\cdots, a_l}, \cdots \right\}$$

$$\updownarrow \quad \updownarrow \quad \updownarrow \quad \updownarrow \quad \updownarrow$$

$$G' = \left\{ a_1{}', a_2{}', \cdots, a_i{}', \underbrace{\cdots, a_k{}'}, \underbrace{\cdots, a_l{}'}, \cdots \right\}$$

表 2-4

G

	a_1	a_2	$\cdots$	a_k	$\cdots$
a_1					
$\cdots$					
a_i				a_l	
$\cdots$					

G'

	$a_1{}'$	$a_2{}'$	$\cdots$	$a_k{}'$	$\cdots$
$a_1{}'$					
$\cdots$					
$a_i{}'$				$a_l{}'$	
$\cdots$					

当能够建立上面这样的对应关系，G 中的乘法能够直接转移到 G' 中时，G 与 G' 就是同构的。

$$a_i a_k = a_l$$

$$\updownarrow \updownarrow \quad \updownarrow$$

$$a_i{}' a_k{}' = a_l{}'$$

如果将上面这种对应关系写成下面的形式，

$$\varphi\left(a_1\right) = a_1{}'$$

$$\varphi\left(a_2\right) = a_2{}'$$

……

$$\varphi\left(a_i\right) = a_i{}'$$

……

$$\varphi\left(a_k\right) = a_k{}'$$

……

$$\varphi\left(a_l\right) = a_l{}'$$

……

那么也就可以将其写成

$$\varphi\left(a_i a_k\right) = \varphi\left(a_i\right)\varphi\left(a_k\right)$$

这种形式。如果用一般性的字母 a, b 来表示，则可写成

$$\varphi\left(ab\right) = \varphi\left(a\right)\varphi\left(b\right)$$

也就是说，当 G 与 G' 之间存在具有这种形式的一一对应 φ 时，G 与 G' 就是同构的。

用语言来描述的话，内容如下：

"G 中的任意两个元素 a, b 在 G 中相乘，再将其通过 φ 转移到 G' 中所得的结果，与将 a, b 通过 φ 转移到 G' 后再在 G' 中相乘的结果一致。"

此时，G 与 G' 就同构（isomorphism）。这种一一对应的 φ，能够实现"乘法保存"。

这一点是具有结构的群与无结构的集合之间的不同之处。如果是让两个集合 M, M' 一一对应，就不需要前文中我们提到的那种附带条件。

所以，当 M 与 M' 的元素数是 n 时，让它们之间一一对应的方法有 $n!$ 个。

但是，阶为 n 的群之间的同构对应方法，因为具有 $\varphi(ab) = \varphi(a)\varphi(b)$ 这个附带条件，所以要比 $n!$ 少很多。

例如，G 中的单位元 e 只与 G' 中的单位元 e' 对应，除此之外再没有其他对应方法。

之所以会这样，是因为

$$\varphi(a) = \varphi(ae) = \varphi(a)\varphi(e)$$

G' 中能满足这个条件的元素只有单位元 e'。

$$\varphi(e) = e'$$

G 中的 e 无法随意与 G' 中的元素进行对应，所以 φ 这一同构对应的数量要远比 $n!$ 少得多。

比较"结构是否相同"这件事，并非只在群的相关研究中出现。

三角形中的"相似"就是在比较"结构是否相同"。要比较 $\triangle ABC$ 与 $\triangle A'B'C'$ 是否相似，只需将两个三角形分别分解成 3 条边，然后逐一研究每个三角形的 3 条边之间具有什么样的关系即可（图 2-20）。

例如，若两个三角形相似，则边 AB 与边 BC 的夹角和边 $A'B'$ 与边 $B'C'$ 的夹角相等。

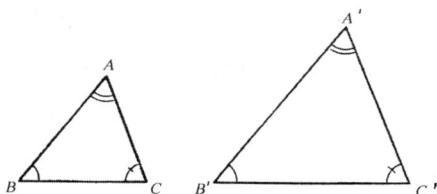

图2-20

也就是说，比较两种结构的"型"时，可以逐一研究其构成分子之间的关系，这可以说是分析的方法。

那么，群的同构又有什么样的意义呢？ G 与 G' 同构时，对于它们之间的同构对应 φ，只需要注意 G, G' 的乘法的规则即可。

例如， G 是将正三角形与其自身进行重叠的全部操作的群，我们知道这是阶为 6 的群（图 2-21）。

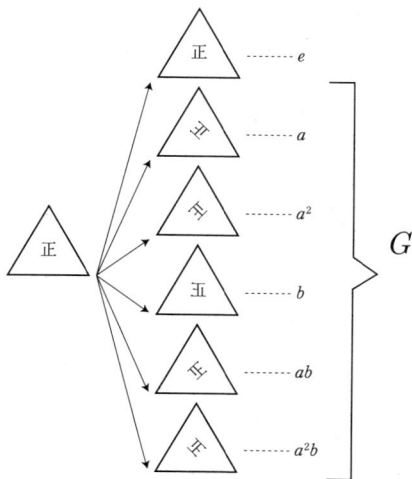

图2-21

G' 假设为 $\{1, 2, 3\}$ 这三个数字的替换操作的全体。

此时，如果从"对什么起作用"的观点来看，G 与 G' 是完全不同的东西。一个是对三角形进行重叠的操作，另一个则是替换数字的操作。

不过，如果我们暂时不去管"对什么起作用"这一侧面，而是专注于"操作之间的关系如何"，就会发现 G 与 G' 具有相同的结构，即二者同构。

$$
\left.
\begin{array}{l}
\begin{pmatrix} 1 & 2 & 3 \\ 1 & 2 & 3 \end{pmatrix} \cdots\cdots e' \\[2mm]
\begin{pmatrix} 1 & 2 & 3 \\ 2 & 3 & 1 \end{pmatrix} \cdots\cdots a' \\[2mm]
\begin{pmatrix} 1 & 2 & 3 \\ 3 & 1 & 2 \end{pmatrix} \cdots\cdots a'^2 \\[2mm]
\begin{pmatrix} 1 & 2 & 3 \\ 1 & 3 & 2 \end{pmatrix} \cdots\cdots b' \\[2mm]
\begin{pmatrix} 1 & 2 & 3 \\ 2 & 1 & 3 \end{pmatrix} \cdots\cdots a'b' \\[2mm]
\begin{pmatrix} 1 & 2 & 3 \\ 3 & 2 & 1 \end{pmatrix} \cdots\cdots a'^2b'
\end{array}
\right\} G'
$$

所以，乍看之下毫无瓜葛的两种现象，或者说研究对象，却具有出人意料的相似性，也就是说具有平行性。像这样，两种现象或研究对象底层的群是同构的情况并不罕见。

例如，求五次方程的代数解时会出现阶为 60 的群，而这个群和正二十面体与其自身进行重叠操作的全体所构成的群（这个群称为二十面体群）同构。

代数中的五次方程与几何中的二十面体乍看之下似乎毫无关系，但隐藏在双方背后的群是同构的，所以我们可以知道二者之间存在着非常深的亲近关系。

像这样的例子可以说不胜枚举。戴上群这副"眼镜"，我们能捕捉到很多出人意料地同构的东西。

最先发现群的威力并察觉到群的重要性的，是伽罗瓦。他将群应用于代数方程，并取得了辉煌的成就。此后，群渗透到了数学的各个领域。克莱因（1849—1925）将群应用于几何学，从而找到了将之前的几何学统一起来的视角。庞加莱与克莱因将群应用于函数论，结果开创了自守函数论这个新领域。

可以说，尝试把群应用到数学的各个领域，是 19 世纪数学家的一个共同课题。

自同构的群

如前文所述，群是将"对什么起作用"这一视角舍弃，由操作自身之间的关系所构成的结构。

但是，在将群应用于诸多领域时，"对什么起作用"这个观点根本无法舍弃。如果不将其作为问题来研究，就无法找到具体对象与群之间的关联。

群的操作会对什么起作用，如果仅仅局限于此来思考，很难有什么突破。此时，我们尝试将问题转化，使其更加具体、精确的话，则会得到下面的形式。

假定存在某个结构 S，我们将该结构看作一种普遍性的事物——它可以是代数性的东西，也可以是几何性的东西。

此时，S 的自同构 α 是指，将 S 的结构保存起来并与 S 的元素一一对应的映射，该映射 αS 覆盖 S 的全体。换言之，αS 不仅包含于 S 之中，还存在 $\alpha S = S$ 这个关系（也就是 onmapping）。

像这样的 α 就称为 S 的自同构（automorphism）。

现在，我们可以确定的是，这样的自同构的全体可以构成一个群。

对于此，我们只需证明下列内容即可。

（1）这个群含有单位元 e。这里的 e 是指，S 的任意元素 x 对其自身进行映射。

$$e(x) = x$$

（2）对于任意 α，存在逆元 α^{-1}。

如果 $\alpha(x) = y$，则 $\alpha^{-1}(y) = x$，只需要考虑此便可。

（3）2 个自同构 α, β 的积还是自同构。

$$\alpha\big(\beta(x)\big) = \alpha\beta(x)$$

β 也好，α 也好，二者都保存了 S 的结构，所以二者的连续实施也保存了 S 的结构。因此，$\alpha\beta$ 也是自同构。

上述内容可以说基本是自明的，不过应该如何准确地定义"保存结构"这一事实呢？这并非一件容易的事。

当 S 是拓扑空间时，对"保存拓扑空间"进行精准定义就并非易事。

下面，我们来看看不同场合下的具体情况。

2.7 邀请之七

同态

从一个群 G 到另一个群 G' 的不改变群结构的"一对一"的映射就是同构映射，只要存在一个同构映射，那么两个群就是同构的。

但是，如果我们将"一对一"这个条件稍微放宽松一点，改成"多对一"也可以，那么就会出现"同态"这种构想。

假设 G 的元素 $a, b, \cdots$ 通过映射 φ 映射为 G' 中的元素 $a', b', \cdots$（图 2-22）。

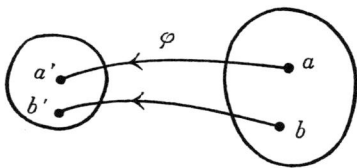

图2-22

$$\varphi\big(a\big) = a'$$

$$\varphi\big(b\big) = b'$$

$$\cdots\cdots\cdots\cdots$$

$$\cdots\cdots\cdots\cdots$$

在这里，如果 G 的元素的积映射为 G' 的元素的积，G 的逆元映射为 G' 的逆元，则可以用式子表示为

$$\varphi(ab) = \varphi(a)\varphi(b)$$
$$\varphi(a^{-1}) = \varphi(a)^{-1}$$

满足这种条件的映射 φ 就称为同态映射。这种情况下，我们称 G' 与 G 同态（homomorphism）。

因为 φ 附带着"多对一"这个宽松的条件，所以若将 G' 中的 a' 所对应的 G 的元素的全体用 $\varphi^{-1}(a')$ 表示，那么对于与 a' 不同的 b'，$\varphi^{-1}(a')$ 与 $\varphi^{-1}(b')$ 不存在共同部分。

如果某个元素 c 同时属于 $\varphi^{-1}(a')$ 与 $\varphi^{-1}(b')$，那么

$$\varphi(c) = a'$$
$$\varphi(c) = b'$$

双方都成立，这与 φ 是"多对一"的假设相矛盾。

因此，根据 $G \rightarrow G'$，G 可以被分割为相互没有共同部分的元素集合（图 2-23）。

$$G = \varphi^{-1}(a') + \varphi^{-1}(b') + \cdots$$

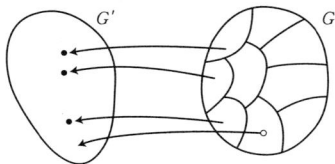

图2-23

这种元素集合被命名为类（class）。这与学校中对学生进行

分班的情况相似。

此时，如果我们只关注 G 的元素映射到 G' 的"目的地"，那么 G 中属于同一类的元素就没有区别了。

例如，我们假设 G 是复数加法的群。G 的一个元素 z 的实数部分用 $R(z)$ 来表示，这个 $R(z)$ 就意味着从 G 到实数加法的群 G' 的映射。并且，对于所有的 z_1, z_2，

$$R(z_1 + z_2) = R(z_1) + R(z_2)$$
$$R(-z_1) = -R(z_1)$$

都成立，所以这意味着该映射是同态映射。

此时，G 是高斯平面上垂直线上的点的集合（图 2-24）。

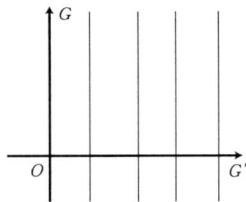

图2-24

像这样的映射 $R(z)$，意味着无视了复数的虚数部分的差异，仅仅着眼于其实数部分。也就是说，$R(z)$ 这个同态具有一种功能，即将 G 的结构的一个侧面粗略地描写出来。

总之，根据从 G 到 G' 的同态映射，G 可以被分割为类。那么，这些类具有什么样的性质呢？

我们假设 a_1 与 a_2、b_1 与 b_2 属于同一类（图 2-25），那么根据定义，存在如下关系。

$$\varphi(a_1) = \varphi(a_2)$$

$$\varphi(b_1) = \varphi(b_2)$$

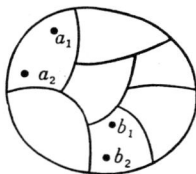

图2-25

此时，a_1b_1 与 a_2b_2 也属于同一类，原因如下。

$$\varphi(a_1b_1) = \varphi(a_1)\varphi(b_1) = \varphi(a_2)\varphi(b_2) = \varphi(a_2b_2)$$

如果将 a_1, a_2 所属的类记为 A，将 b_1, b_2 所属的类记为 B，选取属于 A 的任意元素与属于 B 的任意元素，让它们相乘得到积，那么这些积全部都会落在同一个类中，绝对不会有积落到这个类的外面。

将每个积都写成一列，逐一排列下来，G 就会变成表 2-5 所示的情况。此时，观察表最上面的一行可以看到，A 列与 B 列的积就是 C 列。

表 2-5

A	B	$\cdots$	C
a_1	b_1		$a_1b_1 \cdots$
a_2	b_2		$a_2b_2 \cdots$
$\cdots$	$\cdots$		$\cdots$

也就是说，对于 G 的乘法来说，这些类是成为"一团"来集体行动的，它们的这种"团结"无法被破坏。

在此，作为元素集合的各个类则被看作一个整体。

在这里，我们看一看作为最重要的类 H ，即 G' 的单位元 e' 所对应的 G 的元素的整体 $\varphi^{-1}(e')$ ，在 G 中是怎样的存在。

首先我们能知道， H 成了 G 的子群。

将属于 H 的任意两个元素记为 a_1, a_2 ，有

$$\varphi(a_1) = e'$$
$$\varphi(a_2) = e'$$

二者相乘可得

$$\varphi(a_1)\varphi(a_2) = e'e' = e'$$
$$\varphi(a_1 a_2) = e'$$

因此， $a_1 a_2$ 能够被映射为 e' ，所以 $a_1 a_2$ 属于 H 。

另外，如果 a_1 属于 H ，那么

$$\varphi(a_1) = e' \quad \varphi(a_1)^{-1} = e'^{-1} = e'$$
$$\varphi(a_1^{-1}) = e'$$

因此， a_1^{-1} 也属于 H 。也就是说， H 成了 G 的子群。

将 G 的任意元素记为 x ，将 H 的任意元素记为 a ，则 xax^{-1} 也属于 H ，原因如下。

$$\varphi(xax^{-1}) = \varphi(x)\varphi(a)\varphi(x^{-1}) = \varphi(x)e'\varphi(x)^{-1}$$
$$= \varphi(x)\varphi(x)^{-1} = e'$$

也就是说， xax^{-1} 也能通过 φ 映射为 e' ，所以也属于 H 。

到最后，我们明白了一件事，即 H 是 G 的正规子群。

像这样，当存在同态映射 $\varphi(G) = G'$ 时，能够映射为 G' 的单位元 e' 的 G 的元素的整体 H，会成为 G 的正规子群。这个 H 称为同态映射的核（图 2-26）。

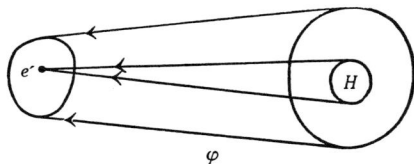

图2-26

商群

由前文内容可知，若存在同态映射 φ，则可以确定核 $H = \varphi^{-1}(e')$，且它会成为 G 的正规子群。

现在，让我们反过来，从 G 的正规子群 H 出发，求出以 H 为核的同态映射 φ 与同态群 G'。为此，可以先尝试用 H 分割 G。

$$G = H + aH + bH + \cdots$$

在此，当存在属于 aH 的 a_1, a_2 及属于 bH 的 b_1, b_2 时，$a_1 b_1$ 与 $a_2 b_2$ 属于同一个类。

$$a_1 b_1 = a h_1 b h_2 \quad (\, h_1, h_2 \text{ 是 } H \text{ 的元素} \,)$$
$$= a b b^{-1} h_1 b h_2 = a b \left(b^{-1} h_1 b \right) h_2$$

因为 H 是正规子群，所以 $b^{-1} h_1 b$ 是 H 的元素。将 $b^{-1} h_1 b$ 用 h_3 表示，可得

$$= abh_3h_2 = ab\left(h_3h_2\right)$$

因为 h_3h_2 是 H 的元素，所以 a_1b_1 与 ab 属于同一个类。a_2b_2 也是同样的情况。也就是说，a_1b_1 与 a_2b_2 属于同一个类。

因此，以正规子群为基础分割出剩余类，这些类的乘法会作为一个整体来行动。

逆元也是完全相同的情况。

如果 a_1 与 a_2 属于同一个类，那么 a_1^{-1} 与 a_2^{-1} 也属于同一个类。

当 $a_2 = a_1h$ 时（h 是 H 的元素）

$$a_2^{-1} = h^{-1}a_1^{-1} = a_1^{-1}a_1h^{-1}a_1^{-1} = a_1^{-1}\left(a_1h^{-1}a_1^{-1}\right)$$

因为 H 是正规子群，所以 $a_1h^{-1}a_1^{-1}$ 仍然属于 H。

因此，依据 H 将每一个剩余类都看作一个元素的话，那么此时就会诞生一个群，我们将其命名为 G'。

将 G 的任意元素 a 所属的剩余类的映射记为 φ，那么 φ 就是从 G 到 G' 的同态映射。

$$G' \overset{\varphi}{\leftarrow} G$$

像这样得到的群 G'，是依据 H 的 G 的剩余群，或者说是商群，表示为 $G\,/\,H = G'$。

这里使用了除法的符号，就算是从除法本来的意义来看，这个符号也没什么不妥之处，反而可以说用得非常巧妙。

例如，1、2、3 这三个数字的替换操作所构成的群 G，是一个阶为 $3! = 6$ 的群，可以如下表示出来。

$$a_1 = \begin{pmatrix} 1 & 2 & 3 \\ 1 & 2 & 3 \end{pmatrix}, \quad a_2 = \begin{pmatrix} 1 & 2 & 3 \\ 2 & 3 & 1 \end{pmatrix}, \quad a_3 = \begin{pmatrix} 1 & 2 & 3 \\ 3 & 1 & 2 \end{pmatrix}$$

$$a_4 = \begin{pmatrix} 1 & 2 & 3 \\ 1 & 3 & 2 \end{pmatrix}, \quad a_5 = \begin{pmatrix} 1 & 2 & 3 \\ 3 & 2 & 1 \end{pmatrix}, \quad a_6 = \begin{pmatrix} 1 & 2 & 3 \\ 2 & 1 & 3 \end{pmatrix}$$

其中，

$$H = \left\{ a_1, a_2, a_3 \right\}$$

是正规子群。

求出 H 的剩余类，则有

$$G = H + a_4 H$$

最后，G 被分为如下两个类。

$$\begin{bmatrix} a_1 \\ a_2 \\ a_3 \end{bmatrix}, \quad \begin{bmatrix} a_4 \\ a_5 \\ a_6 \end{bmatrix}$$

此时，G' 的乘法表如表 2-6 所示，它是一个阶为 2 的群。

表 2-6

	H	$a_4 H$
H	H	$a_4 H$
$a_4 H$	$a_4 H$	H

我们再来看一个例子。

假设 G 是整数加法的群，即

$$G = \{\cdots, -3, -2, -1, 0, +1, +2, +3, \cdots\}$$

这个群中的结合用"＋"来表示，该群是一个交换群。因此，该

184

群的子群全部都是正规子群。

由 G 中固定的数 h 的倍数所构成的元素的全体 H 是 G 的子群，因此，它也是正规子群。

在此，创造出 G / H，则每个积分别代表 $0, 1, 2, \cdots, h-1$ 这 h 个数。

$$G' = \{0, 1, 2, \cdots, h-1\}$$

G' 的乘法表（在此用 " ＋ " 来结合）则如表 2-7 所示。

表 2-7

	0	1	2	...	...	...	$h-1$
0	0	1	2				$h-1$
1	1	2	3				0
2	2	3	4				1
...							
...							
...							
$h-1$	$h-1$	0	1				$h-2$

G' 与以 $\dfrac{360°}{h}$ 的倍数进行旋转操作的群完全同构（图 2-27）。

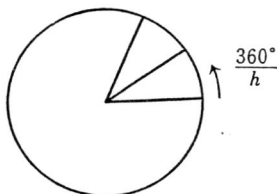

图2-27

由前文内容可知，当群中存在正规子群时，可以以正规子群为基础创造出同态的商群。

因此，某个群是否能够以"多对一"的同态映射缩小为其他群，与其是否存在正规子群相关。

如果不存在正规子群，则该群无法通过"多对一"的同态映射缩小。

当然，所有群都拥有由单位元所构成的子群 $H = \{e\}$，而且这个群是正规子群。另外，群自身也是自己的正规子群，所以，$G / G = \{e\}$ 与 $G / \{e\} = G$ 这两个商群总是存在的。这些正规子群没有太多研究价值，所以一般会被剔除。除了这些情况外，没有其他正规子群的群称为单群（simple group）。

我们可以认为，这种单群就是无法通过同态映射进行缩小的群。从某种意义上来看，单群是像素数一样的东西。

素数是除了 1 与其自身之外不具有任何因数的整数。单群是除了单位元构成的群和自身之外不具有任何正规子群的群。

但是，单群的阶并非总是素数。例如，正二十面体与其自身重叠的全部操作会构成一个阶为 60 的群，但它是一个单群。

子群的交集与并集

一个群 G 中存在两个子群 G_1, G_2 时，G_1 与 G_2 的全部共同元素，也就是 G_1 与 G_2 的交集 $G_1 \cap G_2$ 显然也是 G 的子群。

毕竟，如果 a, b 属于 $G_1 \cap G_2$，那么 a, b 既属于 G_1 又属于 G_2。根据子群的定义可以知道，ab 既属于 G_1 又属于 G_2，因此，ab 属于 $G_1 \cap G_2$。a 的逆元也是同样的情况。a 如果属于 $G_1 \cap G_2$，那么 a^{-1} 也属于 $G_1 \cap G_2$。但是，如果创造出 G_1 与 G_2 的并集 $G_1 \cup G_2$，它则无法直接成为 G 的子群。例如，前文中我们所举的对 $1, 2, 3$ 进行替换操作的群 $G_1 = \{a_1, a_2, a_3\}$ 与 $G_2 = \{a_1, a_4\}$，二者都是 G 的子群，不过，G_1 与 G_2 的并集 $\{a_1, a_2, a_3, a_4\}$ 则不是 G 的子群。如果它是 G 的子群，那么它的阶 4 就必须是 G 的阶 6 的因数。

在此，如果要创造出包含 G_1 与 G_2 双方的子群，无论如何都需要补充 G_1 与 G_2 之外的新元素。以上面的例子来说，就是必须包含 $a_2 a_4$、$a_3 a_4$ 等元素。

一般情况下，当 G 的子群 G_1, G_2 由以下元素构成时，

$$G_1 = \left\{ a_1, a_2, a_3, \cdots, a_i, \cdots \right\}$$
$$G_2 = \left\{ b_1, b_2, b_3, \cdots, b_j, \cdots \right\}$$

由这两个群所构成的所有组合的积必须包含下面这种形式的全部元素。

$$a_i b_j a_k b_l \cdots a_m b_n$$

要得出全部这些积并非易事，而要搞清楚这些积之间乘法的结果，更是难上加难。

不过，当两个子群中有一个是正规子群时，问题就变简单了。例如，假如 G_2 是正规子群，则

$$a_k^{-1} b_j a_k = b_s$$
$$b_j a_k = a_k b_s$$

不断替换 a 与 b，让所有的 a 都去左边，所有的 b 都去右边，则积就可以变形为 $a_p b_r$。所以，包含 G_1 与 G_2 的最小子群是 $a_p b_r$ 这一形式的所有元素的集合，它可以用 $G_1 G_2$ 这个形式来表示。

在下一节中，我们再来看一下 G_1, G_2 与 $G_1 G_2$ 和 $G_1 \cap G_2$ 之间存在什么样的关系。

2.8 邀请之八

同构定理

定理 若 L 是群 G 的子群，H 是 G 的正规子群，则 HL 是 G 的子群。并且，HL / H 与 $L / (H \cap L)$ 同构。

证明 因为 H 是 G 的正规子群，所以 H 自然也是 HL 的不变子群。另外，$H \cap L$ 是 L 的正规子群。这是因为，如果 a 属于 $H \cap L$，再用属于 L 的任意 x 创造出 $x^{-1}ax$，那么因为 H 是正规子群，所以 $x^{-1}ax$ 属于 H。另外，因为 x^{-1}, a, x 都属于 L，所以 $x^{-1}ax$ 也属于 L。因此，$x^{-1}ax$ 属于 $H \cap L$。所以，$H \cap L$ 是 L 的正规子群。

因此，HL / H 与 $L / (H \cap L)$ 二者都有意义。下面我们在这两个商群之间建立一一对应的关系，看看情况会如何。

让 HL / H 的某个类 k，与 $L / (H \cap L)$ 的某个类 k' 具有共同部分。该共同部分中的一个元素记为 l，则 k' 的元素可以用 $(H \cap L)l$ 表示。所以，k' 包含于 Hl 中。于是有

$$(H \cap L)l \subset Hl$$

也就是说，$k' \subset k$。

让 l_1 和 l_2 分别属于 $L / (H \cap L)$ 的两个类 k_1', k_2'，且同时属于

$HL \,/\, H$ 的相同的类 k 。

此时，$l_1 = hl_2$（h 是 H 的元素），$h = l_1 l_2^{-1}$，这样的 h 属于 $H \cap L$。因此，l_1 和 l_2 属于与 $L \,/\, (H \cap L)$ 相同的类。因此，$k_1' = k_2'$。

也就是说，$HL \,/\, H$ 的一个类完全包含了 $L \,/\, (H \cap L)$ 中的一个类，并且只包含这一个类。

在此，我们可以得到 $k \supset k_1'$ 这个一一对应，而且很显然，这个对应对群的乘法提供了同构对应。（证明完毕。）

对于这个定理，如果画出如图 2-28 所示的示意图，就很容易理解了。在图 2-28 中的这个平行四边形中，长度相等且平行的 $HL \,/\, H$ 与 $L \,/\, (H \cap L)$ 同构。但是，因为 L 不一定是 HL 的正规子群，所以 $HL \,/\, L$ 这个商群并不总是存在。因此，我们无法说 $HL \,/\, L$ 与 $H \,/\, (H \cap L)$ 同构。不过，如果 L 是 HL 的正规子群，那么就可以说 $HL \,/\, L$ 与 $H \,/\, (H \cap L)$ 同构。

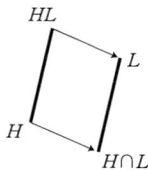

图2-28

我们将这个同构定理放到最大公因数与最小公倍数的关系中来看一下。

将有理数加法的群记为 G，m 的倍数的全体所构成的子群

记为 H ， n 的倍数的全体所构成的子群记为 L 。此时，因为 G 是交换群，所以 H 和 L 都是它的正规子群。

因为 $H \cap L$ 是 m 与 n 的共同倍数即公倍数所构成的群，所以它也是 m, n 的最小公倍数 r 的倍数。

HL 是 $mx + ny$ （ x, y 是任意整数）这一形式的所有数的集合。在这样的数中，将不为 0 的绝对值最小的数记为 s 。 $mx + ny$ 全都是 s 的倍数。因此， m 与 n 也是 s 的倍数。也就是说， s 是 m, n 的公因数。将 m, n 的任意公因数记为 t ，则 t 可以整除 $H \cap L$ 的所有数。所以， t 也可以整除 s 。这样一来，我们就可以知道 s 是最大公因数。

也就是说， HL 是 s 的倍数。

在这里，我们试着应用前文中的同构定理。

$HL \,/\, H$ 的阶为 $\dfrac{m}{s}$ 。另外， $L \,/\, (H \cap L)$ 的阶为 $\dfrac{r}{n}$ 。

因为 $HL \,/\, H$ 与 $L \,/\, (H \cap L)$ 同构，所以它们的阶必须一致，即

$$\frac{m}{s} = \frac{r}{n}$$

因此可得

$$rs = mn$$

这意味着，我们证明了"两个整数的最大公因数与最小公倍数的积与这两个数的积相等"这一结论。

用示意图来表示这个同构定理的话，情况如图 2-29 所示。在图 2-29 中，图的整体是 HL ，整体中的阴影部分是 L ，分割出的

列是 HL / H 的类，列中的阴影部分则为 $L / (H \cap L)$ 的类。

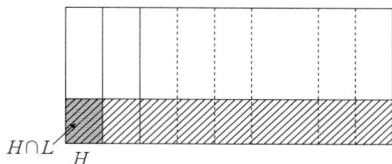

$H \cap L$

H

图2-29

域

关于群的说明大致就如此了，下面我们来看一下关于"域"的内容。

日语中将"域"写成"体"，这是沿用的法语对德语 Körper 的直译词 corps，与人的身体没有任何关系。但从语言角度来看的话，不管进行多么精细的调查，都无法理解其含义。如果从英语 field 直译，似乎应该译为"场"，但它与物理学中的电磁场也没有任何关系。英语中也曾直接使用对德语 Körper 的直译词 corpus，但这个词在似乎有"身体"的意思，容易引起误解，于是后来就改成了 field。

域究竟是什么呢？它不过是数学上的一个定义。

首先，域是某种东西的集合。在这个集合中，定义了加、减、乘、除运算，属于一种代数结构。

准确来说的话，描述如下。

当集合 K 满足如下条件时，它就是域。

（1）K 是交换群。这个群的乘法由 $a+b$ 这样的加法来表示。这个群的单位元由 0 来表示。

（2）从 K 中剔除 0 后所形成的 K' 会成为另外一个交换群。这个交换群的乘法由 ab 这样的乘法来表示。

（3）在加法与乘法之间，分配律成立。

$$a(b+c) = ab + ac$$
$$(b+c)a = ba + ca$$

用语言来描述的话，就是"域 K 是定义了加、减、乘、除四则运算的集合，该四则运算满足结合律、交换律和分配律"。

这样一来，关于域的例子大家可能就非常熟悉了。例如，假设 K 是所有有理数的集合，那么对于普通的加、减、乘、除，它就构成了一个域。

另外，所有实数的集合对于普通的加、减、乘、除也构成了一个域。不过，所有整数的集合却无法在这种情况下构成一个域，因为整数的集合关于加法能形成一个群，关于乘法却无法形成群。对于任意整数 a（$a \neq \pm 1$），其乘法逆元 a^{-1} 不存在。

域是加法群的同时，也是乘法群（剔除 0），用当下比较流行的说法，域具有"双重结构"。所以，加法群的单位元 0 和乘法群的单位元 1 都必须含在域中。也就是说，域至少要包含两个元素。

另外，确实存在仅包含 0 和 1 的域，这就是最小的域。

加法由以下内容来定义。

$$0 + 0 = 0$$
$$0 + 1 = 1$$
$$1 + 0 = 1$$
$$1 + 1 = 0$$

用表来表示的话，如表 2-8 所示。

表 2-8
加法

	0	1
0	0	1
1	1	0

乘法的情况则如表 2-9 所示。

表 2-9
乘法

	0	1
0	0	0
1	0	1

这个域的四则运算与将整数分为奇数和偶数时的加、减、乘、除相同，情况如下。

$$偶数 + 偶数 = 偶数 \quad 0 + 0 = 0$$
$$偶数 + 奇数 = 奇数 \quad 0 + 1 = 1$$
$$奇数 + 偶数 = 奇数 \quad 1 + 0 = 1$$
$$奇数 + 奇数 = 偶数 \quad 1 + 1 = 0$$

乘法的情况如下。

$$偶数 \times 偶数 = 偶数 \quad 0 \cdot 0 = 0$$
$$偶数 \times 奇数 = 偶数 \quad 0 \cdot 1 = 0$$
$$奇数 \times 偶数 = 偶数 \quad 1 \cdot 0 = 0$$
$$奇数 \times 奇数 = 奇数 \quad 1 \cdot 1 = 1$$

也就是说，如果我们创造出如下对应，

$$偶数 \rightarrow 0$$
$$奇数 \rightarrow 1$$

那么，偶数和奇数之间的加、减、乘、除与这个域同构。

这样的域是最小的域，它具有有限个元素。除了这个域之外，是否还存在具有有限个元素的域呢？例如，存在拥有 3 个元素的域，我们将其各个元素用 0、1、2 表示，即

$$K = \{0, 1, 2\}$$

将其加法定义为"3 的倍数为 0"（表 2-10）。

乘法也是同样的情况（表 2-11）。

因为

$$2 \cdot 2 = 4 = 1 + 3$$

所以 $2 \cdot 2 = 1$。

表 2-10
加法

	0	1	2
0	0	1	2
1	1	2	0
2	2	0	1

表 2-11
乘法

	0	1	2
0	0	0	0
1	0	1	2
2	0	2	1

像这样由 3 个元素构成的域也是存在的。

从结论上来说，元素个数为素数 p 的幂 p^n 的域是存在的。像这样具有有限个元素的域，就叫作有限域。有限域最先被伽罗瓦发现，所以也被称为伽罗瓦域（Galois field）。

有限域

有限域具有什么样的结构呢？我们来聊一下这方面的内容。

在下面的讲述中，乘法的单位元不再用 1 来表示，而是用 e 来表示。

我们先尝试将这个 e 不断相加，

$$e + e + \cdots$$

将 n 个 e 相加的情况用 ne 表示，即

$$\underbrace{e + e + \cdots + e}_{n} = ne$$

这个 n 并非一定要是 K 的元素。因此，ne 并不具有"K 的两个元素的积"这一意义。

由 ne 的意义可知，

$$(n \pm m)e = ne \pm me$$

另外，

$$\underbrace{(e + e + \cdots + e)}_{n}\underbrace{(e + e + \cdots + e)}_{m} = \underbrace{e^2 + e^2 + \cdots + e^2}_{n \times m}$$

$$= \underbrace{e + e + \cdots + e}_{n \times m}$$

由此可以得出

$$ne \cdot me = nme$$

在这里，写出

$$e, 2e, 3e, \cdots$$

因为 K 是有限域，所以这些项无法全都相异。因此，这之中必然

存在两个项是相同的。

$$ne = me$$
$$(n - m)e = ne - me = 0$$

也就是说，不论将 e 相加多少次，结果都必须是 0。

$$e + e + \cdots + e = 0$$

列出相加次数最小的情况，即

$$e = e$$
$$2e = e + e$$
$$3e = e + e + e$$
$$\cdots\cdots$$

将最先等于 0 的情况用 pe 表示，即

$$pe = \underbrace{e + e + \cdots + e}_{p} = 0$$

此时，p 必须是素数。如果 p 不是素数，那就意味着 p 可以分解成 2 个因数。

$$p = rs$$

由此可得，r 和 s 比 p 小，于是有

$$0 = pe = rse = re \cdot se$$

假设 $re \cdot se$ 中的 re 不为 0，则存在 $(re)^{-1}$。将式子的两边都乘以 $(re)^{-1}$，则

$$0 = se$$

也就是说，re, se 中至少有一方必须是 0。然而，如果 $se = 0$，就与 pe 是最先等于 0 的假设相矛盾。因此，p 无论如何都必须

是素数。

因为 K 必须包含 e，所以 K 也包含 $e + e, e + e + e, \cdots$。

因此，K 必须包含下列元素：

$$0, e, 2e, \cdots, (p-1)e$$

将这些元素的集合用 Π 表示，即

$$\Pi = \{0, e, 2e, \cdots, (p-1)e\}$$

下面，我们来证明 Π 是域。

它可以构成关于加法的群，这一点很容易理解。

$$ne + me = (n+m)e$$

如果 $n + m$ 大于 p，只需减去 pe 即可，ne 的逆元取为 $(p-n)e$ 就可以。

问题在于除法的情况。我们必须思考 $n \neq 0$ 时应该如何求出 ne 的逆元，即找到

$$ne \cdot xe = e$$

中的 x。

$$nxe = e$$

也就是说，只需要找到

$$nx = 1 + yp$$

中的整数 x, y 即可。因为 n 与 p 互素，所以可以说这种整数 x, y 一定存在。

也就是说，按照这种方式得到的 xe 就是 ne 的逆元。

$$xe = (ne)^{-1}$$

因此我们可以得出，Π 是一个域。它是 K 所包含的最小的域，所以又被称作素域。

将前述内容转换成数论的语言，Π 就是"以素数 p 为模的剩余系所构成的域"。

当 $p = 5$ 时，其加法和乘法分别如表 2-12、表 2-13 所示。

表 2-12
加法

	0	1	2	3	4
0	0	1	2	3	4
1	1	2	3	4	0
2	2	3	4	0	1
3	3	4	0	1	2
4	4	0	1	2	3

表 2-13
乘法

	0	1	2	3	4
0	0	0	0	0	0
1	0	1	2	3	4
2	0	2	4	1	3
3	0	3	1	4	2
4	0	4	3	2	1

这两张表完全决定了 $p = 5$ 的域的结构。

当 $p = 7$ 时，情况则如表 2-14、表 2-15 所示。

表 2-14

加法

╲	0	1	2	3	4	5	6
0	0	1	2	3	4	5	6
1	1	2	3	4	5	6	0
2	2	3	4	5	6	0	1
3	3	4	5	6	0	1	2
4	4	5	6	0	1	2	3
5	5	6	0	1	2	3	4
6	6	0	1	2	3	4	5

表 2-15

乘法

	0	1	2	3	4	5	6
0	0	0	0	0	0	0	0
1	0	1	2	3	4	5	6
2	0	2	4	6	1	3	5
3	0	3	6	2	5	1	4
4	0	4	1	5	2	6	3
5	0	5	3	1	6	4	2
6	0	6	5	4	3	2	1

2.9 邀请之九

域的特征

如上一小节所述，域是一个加法群，也是一个乘法群。从这一点上来看，可以说域具有"双重结构"。

加法群的单位元用 0 表示，乘法群的单位元用 1 或者 e 表示。此时，仅由 0 和 1 构成的最小的域是存在的，这是上一小节中已经讲过的内容。

不仅限于此，前文还举了阶为 $3, 5, 7, \cdots$ 的有限域的实例。

现在，我们来尝试思考更为一般化的情况。

域中必须包含乘法的单位元 e，我们看一下 e 在加法群中会有什么样的动作。

$$e$$
$$e + e$$
$$e + e + e$$
$$\cdots\cdots$$

在此，出现了两种情况。

（1）这些元素的列全都互异。

（2）这些元素的列不断重复出现相同之物。

在（1）的情况下，K 会包含无穷个元素，自然不是有限域。此时，如果建立

$$e \to 1$$
$$e + e \to 2$$
$$e + e + e \to 3$$
$$\cdots\cdots$$

这样的对应关系，则它可以与自然数集合建立一一对应的关系。

另外，让 0 与 0 对应，再建立

$$-e \to -1$$
$$-(e + e) \to -2$$
$$-(e + e + e) \to -3$$
$$\cdots\cdots$$

这样的对应关系，则它可以和全体整数建立一一对应的关系。

再进一步，如果我们考虑

$$\underbrace{(e + \cdots + e)}_{m}\underbrace{(e + \cdots + e)^{-1}}_{n} \to \frac{m}{n}$$

这一对应关系，那么它就可以和全体有理数建立一一对应的关系。

最终可知，K 包含了与有理数全体的域同构的域。

在（2）的情况下，如上一小节所述，将 e 相加素数次就会得到 0，即

$$\underbrace{e + e + \cdots + e}_{p} = 0$$

由此可知，素数 p 是赋予 K 的结构以特征的重要的数，叫作

域的特征（characteristic）。

在（1）的情况下，因为 e 无法以有限次重复，所以这样的素数不存在。这种情况下或许可以认为特征是无穷大的，但一般会认为这种特征是 0。我们所熟知的有理数域、实数域、复数域的特征全都是 0。

值得注意的是，特征为 p 的域并非仅对于 e 的 p 次相加等于 0，而是对于所有元素的 p 次相加都等于 0，即

$$\underbrace{a + a + \cdots + a}_{p} = \underbrace{ae + ae + \cdots + ae}_{p} = a(\underbrace{e + e + \cdots + e}_{p})$$
$$= a \cdot 0 = 0$$

特征为 p 的域和特征为 0 的域之间存在许多不同之处，其中，"大小关系" 是尤为不同的一点。

特征为 0 的有理数域的各个元素之间能够被赋予大小关系。这种大小关系可以使用不等号来表示。

具体来说，有理数域 **R** 的元素可以分为正、负、0 这三类。

将正元素 a 用 $a > 0$ 表示，负元素 a 用 $a < 0$ 表示，有理数域可以分为满足下列条件的正、负、0。

（1）如果 $a > 0$，$b > 0$，那么 $a + b > 0$，$ab > 0$。

（2）如果 $a > 0$，那么 $-a < 0$。

因此，有理数全体可以排列在一条直线上。

但是，特征为 p 的域并非如此。我们来看一下这种情况。

首先，我们尝试思考 e 是正还是负。

如果 $e < 0$，则可得 $-e > 0$，$(-e)(-e) > 0$，$e^2 = e > 0$。因此，必须让 $e > 0$。

但是，将

$$\underbrace{e + e + \cdots + e}_{p} = 0$$

中的 e 进行移项，可得

$$\underbrace{e + e + \cdots + e}_{p-1} = -e$$

式子的左边因为加了正元素所以还是正，但式子的右边明显是负，而就会得到

$$正 = 负$$

这一矛盾的结论。

因此，特征为 p 的域是无法导入大小关系的。

有理数域可以排列在一条直线上，特征为 p 的域则无法排列在一条直线上。如果将特征为 p 的域在空间中进行排列，那么它不会沿直线排列，而是会在圆周上排列。

例如，$p = 5$ 的素域，$e, e + e, \cdots$ 排列在圆周的五等分点上。

此时，加法可以依据旋转表示出来（图 2-30）。

但是，乘法就没这么容易表示了。我们必须将除了 0 之外的 4 个元素排列出来。因为，

$$(e + e)^2 = e + e + e + e$$

$$(e + e)^3 = e + e + e$$

$$(e + e)^4 = e$$

所以，将这 4 个元素如图 2-31 那样排列即可。

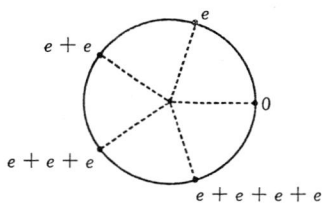

图 2-30

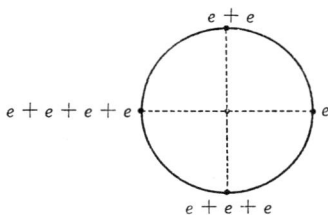

图 2-31

根据上述内容，我们大致可以说特征为 0 的域是"直线的"，而特征为 p 的域是"圆的"。

最小的域

在数学世界中，很多极端的东西往往具有重要的意义，域也是如此。如果我们关注元素最少的域，那么就会发现它的重要性质。如同前文中所述，这样的最小的域是仅由 0 和 e 构成的。当然，这种最小的域是特征为 2 的素域。

如果将 e 写成 1，那么这个域的加法和乘法分别如表 2-16、表 2-17 所示。

表 2-16

加法

	0	1
0	0	1
1	1	0

表 2-17

乘法

	0	1
0	0	0
1	0	1

我们将这个域记为 $GF(2)$。在英语中，有限域为 Galois field，所以通常会取其首字母记为 GF。$GF(2)$ 的括号里的 2，表示这个域的阶为 2。所以，$GF(2)$ 的意思就是阶为 2 的有限域。

$GF(2)$ 与符号逻辑学具有密切关系。

例如，将"下雨了""刮风了""我去学校"等命题用 $A, B, C, \cdots$ 来表示，这些命题或者为真或者为假。在日常生活中做问卷调查时，我们通常会设置"赞成""反对""不知道"三种情况，但在这里，我们让命题只有"真""假"两种情况，不允许出现第三种情况。

　　A 与 B 用"或"（or）连接而成的命题，我们用 $A \vee B$ 表示，并称之为选言命题。

　　如果 A 为"下雨了"，B 为"刮风了"，那么 $A \vee B$ 就是"下雨了，或者刮风了"。

　　与之相对，A 与 B 用"且"（and）连接而成的命题，我们用 $A \wedge B$ 表示，并称之为联言命题。上面的例子如果用 $A \wedge B$ 来表示，就是"下雨了，并且刮风了"。

　　A, B 的真假会对 $A \vee B$ 和 $A \wedge B$ 产生什么样的影响呢？我们将情况逐一列出，可以得到表 2-18。

表 2-18

A	B	$A \vee B$	$A \wedge B$
真	真	真	真
假	真	真	假
真	假	真	假
假	假	假	假

　　在此，假如我们将 $A \vee B$ 写成 $f(A, B)$ 这种双变量函数的形式，A, B 是值为 {真, 假} 的变量，那么 $f(A, B)$ 就可以看作关于变量 A, B 的值为真或假的函数。

现在，我们将真假的值与 $GF(2)$ 的 0 与 1 进行对应，看看会出现什么情况。对于选言命题而言，下面的式子是恒成立的，我们先来关注它。

$$A \wedge A = A$$

在此，尝试将 $\wedge$ 替换为 $\times$ 的话，式子就变成了 $A \times A = A$。我们也能很自然地注意到，A 的取值为 0 或 1 时，等式关系成立。在这里，我们将假记为 0，将真记为 1。如此一来，表 2-19 就可以替换到表 2-20 中。

表 2-19

$A \wedge B$

B⧹A	假	真
假	假	假
真	假	真

表 2-20

$A \times B$

B⧹A	0	1
0	0	0
1	0	1

也就是说，以 $\{真,假\}$ 为取值的函数 $A \wedge B = f(A,B)$，可以替换为 $A \times B$ 这个以 $GF(2)$ 为取值的函数。

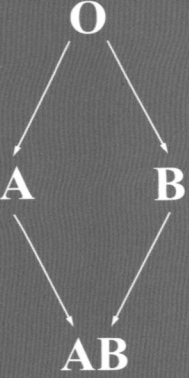

現代数学入門

Hiraku Toyama

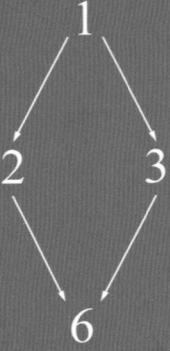

下面，我们再来看一下"否定"的情况如何。

如果 A 是"下雨了"，那么 A 的否定就是"没有下雨"。我们将 A 的否定记为 $\neg A$，$\neg A$ 与 A 在真假值上完全相反。放在 $GF(2)$ 中来看的话，就是当 A 为 0 时，$\neg A$ 为 1；当 A 为 1 时，$\neg A$ 为 0。此函数是 $1-A$，所以可写成如下形式。

$$\neg A = 1 - A$$

另外，否定的否定是肯定，即下式成立。

$$\neg \neg A = A$$

如此一来，选言命题与联言命题之间就存在如下关系。

$$\neg(A \vee B) = \neg A \wedge \neg B$$
$$\neg(A \wedge B) = \neg A \vee \neg B$$

如果将 A, B 替换成具体的命题代入其中，就能更容易地接受这种关系了。

将

$$\neg(A \vee B) = \neg A \wedge \neg B$$

的两边都进行否定的话，则可以得到

$$A \vee B = \neg(\neg A \wedge \neg B)$$

将其放到 $GF(2)$ 中来思考的话，则可得

$$A \vee B = 1 - (\neg A \wedge \neg B)$$
$$= 1 - (1 - A)(1 - B)$$

$$= 1 - \left(1 - A - B + AB\right)$$
$$= A + B - AB$$

但是，因为 $-AB = AB$ ，所以可以将其写成下面的形式。

$$= A + B + AB$$

也就是说，$\vee$ 与 $\wedge$ 在 $GF(2)$ 中可以用 +、× 来表示。

如此，$A \vee B$ 与 $A \wedge B$ 是 $GF(2)$ 上定义的双变量函数。现在，我们尝试从一般意义上来思考这样的 n 变量函数。

$$y = f\left(x_1, x_2, \cdots, x_n\right)$$

在此，$x_1, x_2, \cdots, x_n$ 是 $GF(2)$ 的元素，取值为 0、1。此时，若 $x_1, x_2, \cdots, x_n$ 相互之间不受影响地自由取值为 1 或 0，则 $x_1, x_2, \cdots, x_n$ 的值的组合为 2^n（表 2-21）。

表 2-21

x_1	x_2	x_3	$\cdots$	x_n
0	0	0	$\cdots$	0
1	1	1	$\cdots$	1

用另外一个词来描述的话，它就是 $GF(2)$ 的直积。

$$\underbrace{GF(2) \times GF(2) \times \cdots \times GF(2)}_{n}$$

另外，y 也是 $GF(2)$ 的元素，取值为 0、1。也就是说，我们可以将 $f\left(x_1, x_2, \cdots, x_n\right)$ 看作从 $GF(2) \times GF(2) \times \cdots \times GF(2)$ 到 $GF(2)$ 的映射。

这样的映射总共有多少个呢？毫无疑问，它共有 $2^{\left(2^n\right)}$ 个。

因此，当 $n = 2$ 时，仅有

$$2^{(2^n)} = 2^{(2^2)} = 16$$

个函数。

我们尝试将 $GF(2) \times GF(2)$ 画在平面上，如图 2-32 所示。

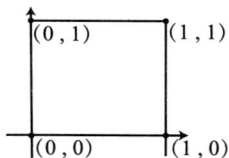

图 2-32

这四个点的值都是 0、1 中的一个，将全部组合列出来，情况如下。

$$\begin{bmatrix} 0 & 1 \\ 0 & 0 \end{bmatrix} \begin{bmatrix} 1 & 1 \\ 1 & 0 \end{bmatrix} \begin{bmatrix} 0 & 1 \\ 1 & 0 \end{bmatrix} \begin{bmatrix} 0 & 1 \\ 1 & 1 \end{bmatrix} \begin{bmatrix} 0 & 0 \\ 1 & 0 \end{bmatrix}$$

$$\begin{bmatrix} 1 & 1 \\ 0 & 1 \end{bmatrix} \begin{bmatrix} 1 & 0 \\ 0 & 0 \end{bmatrix} \begin{bmatrix} 1 & 0 \\ 0 & 1 \end{bmatrix} \begin{bmatrix} 0 & 0 \\ 0 & 1 \end{bmatrix} \begin{bmatrix} 1 & 0 \\ 1 & 1 \end{bmatrix}$$

$$\begin{bmatrix} 0 & 0 \\ 0 & 0 \end{bmatrix} \begin{bmatrix} 1 & 1 \\ 0 & 0 \end{bmatrix} \begin{bmatrix} 0 & 1 \\ 0 & 1 \end{bmatrix}$$

$$\begin{bmatrix} 1 & 1 \\ 1 & 1 \end{bmatrix} \begin{bmatrix} 0 & 0 \\ 1 & 1 \end{bmatrix} \begin{bmatrix} 1 & 0 \\ 1 & 0 \end{bmatrix}$$

在这些情况中，$\begin{bmatrix} 0 & 1 \\ 0 & 0 \end{bmatrix}$ 是 $A \wedge B$，$\begin{bmatrix} 1 & 1 \\ 0 & 1 \end{bmatrix}$ 是 $A \vee B$。

像这样的函数 $f(x_1, x_2, \cdots, x_n)$ 的具体模型，可以看一下图 2-33 的开关电路。

214

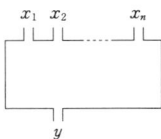

图2-33

$x_1, x_2, \cdots, x_n$ 是 n 个开关，每个开关的状态或是闭合或是断开。

从外面无法看见箱中的电线连接方式，我们能知道的是 y 连接了灯，灯会因 $x_1, x_2, \cdots, x_n$ 的状态而亮起或熄灭。

此时，建立如下对应

$$闭合 \to 1, \quad 断开 \to 0$$

则我们可知，这个 y 是如下函数。

$$y = f\left(x_1, x_2, \cdots, x_n\right)$$

像这样，研究开关电路时，可以使用 $GF(2)$ 上的 n 变量函数。

特征为 p 的域

特征为 p 的域在很多点上与特征为 0 的域不同。例如，在特征为 0 的域中，

$$\left(a + b\right)^p = a^p + b^p$$

这个恒等式就无法认为其成立。

使用二项式定理可得

$$(a + b)^p = a^p + C_p^1 \, a^{p-1} b + C_p^2 \, a^{p-2} b^2$$
$$+ \cdots + C_p^{p-1} \, ab^{p-1} + b^p$$

此处，$C_p^1, C_p^2, \cdots$ 的意思是可以加相应那么多的相同元素。

如果能证明这些数全都是 p 的倍数，那么特征 p 就变成了 0。

因为

$$C_p^m = \frac{p!}{m!(p-m)!} \quad (1 \leqslant m < p)$$

有

$$p! = C_p^m \, m!(p-m)!$$

虽然 $m!$ 和 $(p-m)!$ 都无法被 p 整除，但是因为式子的左边可以被 p 整除，所以 C_p^m 可以被 p 整除。（证明完毕。）

因此，二项式展开的中项全都被消掉，只留下了两端的项。所以，

$$(a+b)^p = a^p + b^p$$

这个恒等式成立。

对于仅仅了解特征为 0 的域的人，这个式子可谓非常奇妙。中学生学代数时，经常会犯

$$(a+b)^2 = a^2 + b^2$$

这样的展开错误。这种情况在实数域这样的特征为 0 的域中虽然是明显的错误，但是在特征为 2 的域中是正确的。

2.10 邀请之十

环

在条件上比域更宽松的东西是环（ring）。和域类似，环也仅仅是一个名字，就像商品的商标那样，和"环"的字面意思没什么关系。比如有种葡萄酒叫"蜜蜂葡萄酒"，但其实它和蜜蜂没什么关系。环这个名字也是这样的情况。

环仅定义了加法、减法、乘法，对于除法没有任何提及。关于环，有以下三点成立。

（1）环是加法群。加法用 + 来表示，其逆运算用 − 来表示。

$$a + b, a - b$$

这个加法群的单位元用 0 表示。

（2）环还定义了一种运算，那就是乘法，乘法用 ab 来表示。这里的乘法满足普通的结合律。

$$(ab)c = a(bc)$$

不过，也有结合律不成立的环。

关于逆元也没有任何规定。另外，交换律 $ab = ba$ 也不一定是成立的。

（3）在加法和乘法之间，分配律是成立的。

$$a(b+c) = ab + ac$$

$$(b+c)a = ba + ca$$

下面，我们来看环的几个实例。

环的实例

（1）在正负整数的集合中，加法与乘法是通常的情况。

$$\Gamma = \{\cdots, -3, -2, -1, 0, +1, +2, +3, \cdots\}$$

这自然是一个环。

（2）以实数为系数的所有多项式的集合，用通常的加法和乘法连接起来，所得之物也是一个环。

$$f(x) = a_0 + a_1 x + \cdots + a_n x^n$$

（3）以实数为元素的 2 行 2 列的矩阵的全体，用矩阵的加法与乘法连接起来，所得之物也是一个环。

对于像

$$A = \begin{bmatrix} 实数，实数 \\ 实数，实数 \end{bmatrix}$$

这样的矩阵所构成的环，交换律是不成立的。我们看一个例子。

$$A = \begin{bmatrix} 1 & 3 \\ 2 & 4 \end{bmatrix}, \quad B = \begin{bmatrix} 2 & 4 \\ 3 & 5 \end{bmatrix}$$

则

$$AB = \begin{bmatrix} 1 & 3 \\ 2 & 4 \end{bmatrix} \begin{bmatrix} 2 & 4 \\ 3 & 5 \end{bmatrix} = \begin{bmatrix} 11 & 19 \\ 16 & 28 \end{bmatrix}$$

$$BA = \begin{bmatrix} 2 & 4 \\ 3 & 5 \end{bmatrix} \begin{bmatrix} 1 & 3 \\ 2 & 4 \end{bmatrix} = \begin{bmatrix} 10 & 22 \\ 13 & 29 \end{bmatrix}$$

比较 AB 与 BA，可以发现它们明显不同，即

$$AB \neq BA$$

（4）以 $GF(2) = \{0,1\}$ 的元素为元素的 2 行 2 列的矩阵，让其第 2 列全为 0，所得之物可构成一个环。

$$\begin{bmatrix} 0 & 0 \\ 0 & 0 \end{bmatrix} = 0, \quad \begin{bmatrix} 1 & 0 \\ 1 & 0 \end{bmatrix} = a_1, \quad \begin{bmatrix} 1 & 0 \\ 0 & 0 \end{bmatrix} = a_2, \quad \begin{bmatrix} 0 & 0 \\ 1 & 0 \end{bmatrix} = a_3$$

由这样的矩阵构成的环，可以通过表 2-22、表 2-23 来观察其情况。

表 2-22

+	0	a_1	a_2	a_3
0	0	a_1	a_2	a_3
a_1	a_1	0	a_3	a_2
a_2	a_2	a_3	0	a_1
a_3	a_3	a_2	a_1	0

表 2-23

×	0	a_1	a_2	a_3
0	0	0	0	0
a_1	0	a_1	a_1	0
a_2	0	a_2	a_2	0
a_3	0	a_3	a_3	0

这个环由有限个元素构成，对它而言，交换律不成立。

（5）在区间 $[0,1]$ 上定义的所有连续函数的集合（图 2-34），它们可以用通常的加法和乘法连接。这是一个交换律成立（即可交换）的环。

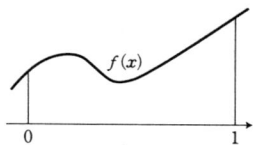

图 2-34

比起域，以上这些环的范围更加广泛。特别是（5）的例子，因为连续函数的集合也是一个环，所以环和数学分析之间形成了深厚的关系。

有限环

有限域的结构非常简单，如果元素个数确定，其结构就只有一种。但对于环而言，情况并非如此。就算元素个数确定，环的结构也会有很多种。

不过，在这种情况下，环可以分解成单纯的东西。

有限环 R 的元素个数（即阶）记为 r。这个 r 可以分解为互素的 m 与 n 的积，情况如下。

$$r = m \cdot n$$
$$(m, n) = 1$$

记 R 中的 m 倍为 0 的全部元素的集合为 R_1，即像

$$\underbrace{a + a + \cdots + a}_{m} = ma = 0$$

这样的 a 的集合。

同样，将 n 倍为 0 的全部元素的集合记为 R_2。

现在，我们先来证明 R_1, R_2 是 R 的子环。

关于属于 R_1 的 a, b，有

$$m(a + b) = ma + mb = 0 + 0 = 0$$
$$m(ab) = (ma)b = 0 \cdot b = 0$$

也就是说，R_1 构成了一个环。R_2 的情况也完全一样。

现在，我们让 R_1 中的任意元素 a 与 R_2 中的任意元素 b 相乘。

因为 $(m, n) = 1$，所以有 $sm - tn = 1$ 这种形式的两个整数存在。因此

$$ab = 1 \cdot ab = (sm - tn)ab = s(ma)b - t(na)b$$
$$= 0 - 0 = 0$$

也就是说，R_1 与 R_2 的元素相乘后会互相抵消。

下面，我们取 R 中的任意元素 x，则

$$x = 1 \cdot x = (sm - tn)x = smx - tnx$$

因为 R 的阶为 mn，所以 $mnx = 0$。因此

$$n(smx) = s(mnx) = s \cdot 0 = 0$$

所以，smx 属于 R_2。同样，tnx 属于 R_1。

因此，R 的任意元素可以用 R_1, R_2 的元素之和来表示。

R_1 与 R_2 的共同元素只有 0。

这是因为，如果 x 同时含在 R_1, R_2 中，则会有如下情况。

$$x = 1 \cdot x = (sm - tn)x = s(mx) - t(nx)$$
$$= 0 - 0 = 0$$

现在，记 R 的元素为 x，用 R_1, R_2 的元素之和的形式表示时，

$$x = x_1 + x_2$$

这种表示方法是唯一的。

如果还存在其他的表示方法，那么

$$x = x_1{}' + x_2{}'$$

$$x_1 - x_1{}' = x_2{}' - x_2$$

所以，$x_1 - x_1{}' = 0,\ x_2{}' - x_2 = 0$，即可得如下结果。

$$x_1 = x_1{}',\ x_2 = x_2{}'$$

在此，我们便能得出如下结论。

R 的任意元素是 R_1, R_2 的元素之和，并且这种表示方法是唯一的。

$$x = x_1 + x_2$$
$$y = y_1 + y_2$$

二者的和与差为

$$x \pm y = \left(x_1 \pm y_1\right) + \left(x_2 \pm y_2\right)$$

二者的积则为

$$xy = \left(x_1 + x_2\right)\left(y_1 + y_2\right) = x_1 y_1 + x_2 y_1 + x_1 y_2 + x_2 y_2$$
$$= x_1 y_1 + x_2 y_2 \qquad \underset{0}{\downarrow} \quad \underset{0}{\downarrow}$$

也就是说，R 可以分解为 $R_1 + R_2$ 的形式，其加法、减法、乘法可仅在 R_1, R_2 中实施，与其他无关。

在这种情况下，R 叫作 R_1 与 R_2 的直和，写作 $R = R_1 + R_2$。

我们很容易证明 R_1 的阶为 m，R_2 的阶为 n。因此，下面的定理就能得以证明。

定理　m, n 互素时，阶为 mn 的环可分解为阶为 m, n 的环的直和。

假如

$$r = p_1^{\alpha_1} p_2^{\alpha_2} \cdots p_s^{\alpha_s}$$

那么依次使用该定理后，有限环可以分解为以素数的幂为阶的环的直和。

因此，研究这类环的结构时，若写出其直和，那么所有有限环的结构就很明了了。

尽管域的情况很容易理解，但环的情况需要数出所有以素数的幂为阶的环，这并非一件容易的事。

同态环

在创造环的过程中，存在创造出同态的环的情况。

M 为某个加法群，记为

$$M = \{a, b, c, \cdots\}$$

对于任意的 a, b，有如下情况。

$$a \pm b \in M$$

在此，存在将 M 的元素 a 映射为 M 的元素 a' 的映射 α，它满足如下条件。

$$\alpha(a \pm b) = \alpha(a) \pm \alpha(b)$$

虽然依旧是用"和"的形式，但它不再限于"一对一"，而是可以"多对一"，所以这是同态的情况。

我们将这样的同态集合记为如下形式。

$$R = \{\alpha, \beta, \cdots\}$$

在这个 R 中，定义下面这样的加法与减法。

$$(\alpha \pm \beta)(a) = \alpha(a) \pm \beta(a)$$

这样定义的和与差也是同态。原因如下。

$$
\begin{aligned}
(\alpha \pm \beta)(a + b) &= \alpha(a + b) \pm \beta(a + b) \\
&= \alpha(a) + \alpha(b) \pm \beta(a) \pm \beta(b) \\
&= (\alpha(a) \pm \beta(a)) + (\alpha(b) \pm \beta(b)) \\
&= (\alpha + \beta)(a) \pm (\alpha + \beta)(b)
\end{aligned}
$$

另外，积 $\alpha\beta$ 由

$$\alpha\beta(a) = \alpha(\beta(a))$$

来定义。这样一来，它也是同态。

$$
\begin{aligned}
\alpha\beta(a + b) &= \alpha(\beta(a) + \beta(b)) = \alpha(\beta(a)) + \alpha(\beta(b)) \\
&= \alpha\beta(a) + \alpha\beta(b)
\end{aligned}
$$

也就是说，$\alpha\beta$ 也是同态。

下面，我们来试一下加法的交换律，看看情况如何。

$$
\begin{aligned}
(\alpha + \beta)(a) &= \alpha(a) + \beta(a) = \beta(a) + \alpha(a) \\
&= (\beta + \alpha)(a)
\end{aligned}
$$

不过，乘法的交换律一般不成立。

结合律的情况如下。

$$
\begin{aligned}
\{(\alpha + \beta) + \gamma\}(a) &= (\alpha + \beta)(a) + \gamma(a) \\
&= (\alpha(a) + \beta(a)) + \gamma(a) = \alpha(a) + (\beta(a) + \gamma(a)) \\
&= \alpha(a) + (\beta + \gamma)(a) = \{\alpha + (\beta + \gamma)\}(a) \\
\{(\alpha\beta)\gamma\}(a) &= \alpha\beta(\gamma(a)) = \alpha(\beta(\gamma(a))) \\
\{\alpha(\beta\gamma)\}(a) &= \alpha((\beta\gamma)(a)) = \alpha(\beta(\gamma(a)))
\end{aligned}
$$

分配律的情况如下。

$$\{\alpha(\beta+\gamma)\}(a) = \alpha\big((\beta+\gamma)(a)\big) = \alpha\big(\beta(a)+\gamma(a)\big)$$
$$= \alpha\big(\beta(a)\big) + \alpha\big(\gamma(a)\big) = (\alpha\beta)(a) + (\alpha\gamma)(a)$$
$$= (\alpha\beta + \alpha\gamma)(a)$$

对于

$$(\beta+\gamma)\alpha = \beta\alpha + \gamma\alpha$$

情况也完全相同。

由以上内容可知，R 构成了环。这样的环就称为加法群 M 的同态环。例如，M 是阶为 n 的循环加法群

$$M = \{0,1,2,\cdots,n-1\}$$

我们可以用 $\mathbf{mod}\ n$ 的剩余类来表示它。

将从 1 到 m 的映射记为 α ，即

$$\alpha(1) = m$$

此时，

$$\alpha(s) = \alpha\underbrace{(1+1+\cdots+1)}_{s} = \alpha(1) + \alpha(1) + \cdots + \alpha(1)$$
$$= s\alpha(1) = sm$$

因此，这样的同态仅有一个，我们将其用 α_m 来表示。

$$(\alpha_l + \alpha_m)(1) = \alpha_l(1) + \alpha_m(1) = l + m$$

也就是说，

$$\alpha_l + \alpha_m = \alpha_{l+m}$$
$$(\alpha_l \alpha_m)(1) = \alpha_l(\alpha_m(1)) = \alpha_l(m) = m\alpha_l(1) = lm$$

因此，

$$\alpha_l \alpha_m = \alpha_{lm}$$

因为

$$\alpha_n (1) = n \equiv 0 \ (\text{mod } n)$$

所以

$$\alpha_n = \alpha_0$$

因此，这个环与由 mod n 的剩余类所构成的环相同。

如果 M 不是循环群，那么它的同态环就无法简单地得知了。

我们将 M 记为拥有整数成分的 n 维向量所构成的加法群，即 n 维的格点群。

此时，记

$$\begin{bmatrix} 1 \\ 0 \\ 0 \\ \vdots \\ 0 \end{bmatrix} = e_1, \quad \begin{bmatrix} 0 \\ 1 \\ 0 \\ \vdots \\ 0 \end{bmatrix} = e_2, \cdots, \begin{bmatrix} 0 \\ 0 \\ 0 \\ \vdots \\ 1 \end{bmatrix} = e_n$$

如果这个同态 α 是从 $e_1, e_2, \cdots, e_n$ 分别到 $\boldsymbol{A}_1, \boldsymbol{A}_2, \cdots, \boldsymbol{A}_n$ 的映射，那么有

$$\alpha(e_1) = \boldsymbol{A}_1, \ \alpha(e_2) = \boldsymbol{A}_2, \ \cdots, \ \alpha(e_n) = \boldsymbol{A}_n$$

只需要知道 $\boldsymbol{A}_1, \boldsymbol{A}_2, \cdots, \boldsymbol{A}_n$ ，就可以确定唯一的 α 。

$$\boldsymbol{A}_1 = \begin{bmatrix} a_{11} \\ a_{21} \\ \vdots \\ a_{n1} \end{bmatrix}, \ \boldsymbol{A}_2 = \begin{bmatrix} a_{12} \\ a_{22} \\ \vdots \\ a_{n2} \end{bmatrix}, \ \cdots, \ \boldsymbol{A}_n = \begin{bmatrix} a_{1n} \\ a_{2n} \\ \vdots \\ a_{nn} \end{bmatrix}$$

将一般情况的向量记为 $\boldsymbol{X} = \begin{bmatrix} x_1 \\ x_2 \\ \vdots \\ x_n \end{bmatrix}$，则有如下结果。

$$\boldsymbol{X} = \begin{bmatrix} 1 \\ 0 \\ \vdots \\ 0 \end{bmatrix} x_1 + \begin{bmatrix} 0 \\ 1 \\ \vdots \\ 0 \end{bmatrix} x_2 + \cdots + \begin{bmatrix} 0 \\ 0 \\ \vdots \\ 1 \end{bmatrix} x_n$$

$$= e_1 x_1 + e_2 x_2 + \cdots + e_n x_n$$

$$\begin{aligned} \alpha(\boldsymbol{X}) &= \alpha\left(e_1 x_1 + e_2 x_2 + \cdots + e_n x_n\right) \\ &= \alpha\left(e_1 x_1\right) + \alpha\left(e_2 x_2\right) + \cdots + \alpha\left(e_n x_n\right) \\ &= \alpha\left(e_1\right) x_1 + \alpha\left(e_2\right) x_2 + \cdots + \alpha\left(e_n\right) x_n \\ &= \boldsymbol{A}_1 x_1 + \boldsymbol{A}_2 x_2 + \cdots + \boldsymbol{A}_n x_n \end{aligned}$$

因为 α 由这个 n 行 n 列的矩阵完全决定，所以将 α 与这个矩阵等而视之也无妨。

像这样的 α 的全体，与具有整数元素的矩阵的全体是相同的。

我们将 n 维格点的向量，替换为区间 $(-\infty, +\infty)$ 上定义的函数 $f(x), g(x), \cdots$，看看情况会如何。

此时，将从 $f(x)$ 到其他函数的同态映射记为 α，则必须有

$$\alpha\left(f(x) \pm g(x)\right) = \alpha\left(f(x)\right) \pm \alpha\left(g(x)\right)$$

在这之上存在常数 c，当

$$\alpha\left(cf(x)\right) = c\alpha\left(f(x)\right)$$

成立时，α 叫作线性算子（linear operator）。

微分的计算就是这样一个典型例子。这是因为

$$\frac{\mathrm{d}}{\mathrm{d}x}\big(f(x) \pm g(x)\big) = \frac{\mathrm{d}}{\mathrm{d}x}f(x) \pm \frac{\mathrm{d}}{\mathrm{d}x}g(x)$$

$$\frac{\mathrm{d}}{\mathrm{d}x}\big(cf(x)\big) = c\frac{\mathrm{d}}{\mathrm{d}x}f(x)$$

这里，$f(x), g(x)$ 都是可微的。

像这样，我们就能从 $f(x)$ 开拓到一个新的层面来思考 $\frac{\mathrm{d}}{\mathrm{d}x}$ 这个算子。

这个算子在数学分析中是非常重要的。

现在，我们将把 $f(x)$ 变为 $xf(x)$ 的算子简单地记为 x，则

$$\frac{\mathrm{d}}{\mathrm{d}x}\big(xf(x)\big) = x\frac{\mathrm{d}}{\mathrm{d}x}f(x) + f(x)$$

将使 $f(x)$ 不发生变化的算子记为 E，则上式

$$= \left(x\frac{\mathrm{d}}{\mathrm{d}x} + E\right)f(x)$$

因此，作为算子

$$\frac{\mathrm{d}}{\mathrm{d}x}x = x\frac{\mathrm{d}}{\mathrm{d}x} + E$$

这一关系是成立的。像这样，$\frac{\mathrm{d}}{\mathrm{d}x}$ 与 x 不可换。

这个关系式与量子力学中的不确定性原理相关。

2.11 邀请之十一

环上的代数

如前文所述，环的种类着实繁多，要想简单地掌握环的种类并非易事。

我们在进行精密研究时多会给环附加各种条件，为研究提供更多线索，然后在此基础上推进研究。

在这些附带条件的特殊化的环中，有一类结构被称为代数。

代数是 algebra 的翻译，此处的 algebra 并非指代数学这门学科，而是指一类特殊的结合环结构。例如，我们可以注意到，美国数学家迪克森（1874—1954）的经典著作《环上的代数及运算》（*Algebras and Their Arithmetics*）中的 algebras 是复数形式。如果是指"代数学"，那么这个词不可能是复数形式，此处指的就是具体的代数结构，所以用复数形式完全没问题。

当然，环上的代数并非突然出现在数学世界中，它是经过一步一步地扩展，最后才形成的概念，其起源可追溯至复数。

现在，我们从环论视角来看一下复数的情况。复数在日语中称为"复素数"，意思是"包含多个元素的数"，但它的基元素为 1 和 i，其实可以说只有两个元素，所以或许称其为"二素数"更加准确。

将 1 和 i 分别与实数 a, b 相乘再相加，得到的就是复数。

$$a \cdot 1 + b \cdot i$$

将其一般化，可将 1 和 i 替换为 u_1, u_2，将 a, b 替换为 a_1, a_2，则复数变为如下形式。

$$a_1 u_1 + a_2 u_2$$

这里，加法变为如下情况。将两个复数 $a_1 u_1 + a_2 u_2$ 与 $a_1{}' u_1 + a_2{}' u_2$ 相加，则

$$\left(a_1 u_1 + a_2 u_2 \right) + \left(a_1{}' u_1 + a_2{}' u_2 \right)$$
$$= \left(a_1 + a_1{}' \right) u_1 + \left(a_2 + a_2{}' \right) u_2$$

同样，减法的情况为

$$\left(a_1 u_1 + a_2 u_2 \right) - \left(a_1{}' u_1 + a_2{}' u_2 \right)$$
$$= \left(a_1 - a_1{}' \right) u_1 + \left(a_2 - a_2{}' \right) u_2$$

也就是说，可以直接对其系数进行加减。

这与二维向量是一样的。

如果分别以 u_1, u_2 为坐标系的横轴、纵轴，那么 $a_1 u_1 + a_2 u_2$ 就与平面上的点相对应。这就是高斯平面（图 2-35）。

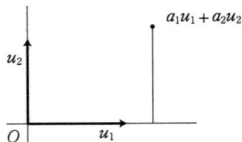

图2-35

在此，我们让另外一个实数与 $a_1 u_1 + a_2 u_2$ 相乘，并且令分配律成立，则

$$b(a_1 u_1 + a_2 u_2) = b(a_1 u_1) + b(a_2 u_2)$$

如果假设结合律也成立，则可得

$$= (ba_1) u_1 + (ba_2) u_2$$

从图形的角度来看，这是向量向相同的方向伸缩了 b 倍，相当于标量乘法。

但是，复数中还有一种运算，即乘法。

当两个复数 $a_1 u_1 + a_2 u_2$ 与 $a_1' u_1 + a_2' u_2$ 相乘时，

$$(a_1 u_1 + a_2 u_2) \cdot (a_1' u_1 + a_2' u_2)$$

我们假设其左边部分对右边部分分配律成立，则

$$= a_1 u_1 (a_1' u_1 + a_2' u_2) + a_2 u_2 (a_1' u_1 + a_2' u_2)$$

再假设加法的结合律也成立，则

$$= (a_1 u_1) \cdot (a_1' u_1) + (a_1 u_1) \cdot (a_2' u_2) + (a_2 u_2) \cdot (a_1' u_1)$$
$$+ (a_2 u_2) \cdot (a_2' u_2)$$

对于每个项，假定实数与 u_1, u_2 的交换律成立，则

$$(a_1 u_1) \cdot (a_1' u_1) = (a_1 a_1')(u_1 u_1)$$

将其应用到各项，则积变为如下形式。

$$(实数) \cdot u_1 u_1 + (实数) \cdot u_1 u_2 + (实数) \cdot u_2 u_1 + (实数) \cdot u_2 u_2$$

为了使其再度成为复数，$u_1 u_1, u_1 u_2, u_2 u_1, u_2 u_2$ 必须是如下形式。

$$(实数) \cdot u_1 + (实数) \cdot u_2$$

因此，

$$u_1u_1 = a_{11}^1 u_1 + a_{11}^2 u_2$$

$$u_1u_2 = a_{12}^1 u_1 + a_{12}^2 u_2$$

$$u_2u_1 = a_{21}^1 u_1 + a_{21}^2 u_2$$

$$u_2u_2 = a_{22}^1 u_1 + a_{22}^2 u_2$$

在这里，a_{11}^1, a_{11}^2 等符号并不是 1 次方、2 次方的意思，而是指 u_1, u_2 的系数。

复数的话，有

$$u_1u_1 = 1 \cdot 1 = 1 = u_1 = 1 \cdot u_1 + 0 \cdot u_2$$

$$u_1u_2 = 1 \cdot i = i = u_2 = 0 \cdot u_1 + 1 \cdot u_2$$

$$u_2u_1 = i \cdot 1 = i = u_2 = 0 \cdot u_1 + 1 \cdot u_2$$

$$u_2u_2 = i \cdot i = -1 = -u_1 = -1 \cdot u_1 + 0 \cdot u_2$$

所以，可得如下结果。

$$a_{11}^1 = 1, \quad a_{11}^2 = 0$$

$$a_{12}^1 = 0, \quad a_{12}^2 = 1$$

$$a_{21}^1 = 0, \quad a_{21}^2 = 1$$

$$a_{22}^1 = -1, \quad a_{22}^2 = 0$$

在此，将 2 一般化，记为 n，那么就形成了一般化的代数。

假设在

$$a_1u_1 + a_2u_2 + \cdots + a_nu_n$$

这种形式的线性组合中，系数 $a_1, a_2, \cdots, a_n$ 是不限于实数的一般化的域。域是对于加、减、乘、除而言封闭的集合。另外，其乘法是可交换的。

定义一般化的代数，则情况如下。

（1）存在用加法表示的群，即交换群或者加法群 G，其元素用 $u,v,\cdots$ 表示。

（2）存在域 $K = \{a,b,c,\cdots\}$。

（3）K 与 G 之间存在如下关系。

$$a\left(u + v\right) = au + av$$
$$\left(a + b\right)u = au + bu$$
$$1u = u$$
$$\left(ab\right)u = a\left(bu\right)$$

（4）维度有限。

G 的任意元素由固定的 n 个元素 $u_1, u_2, \cdots, u_n$ 的线性组合来表示。

$$a_1 u_1 + \cdots + a_n u_n$$

当具备上述条件时，就可以说 G 是以域 K 为系数域的有限维向量群（图 2-36）。

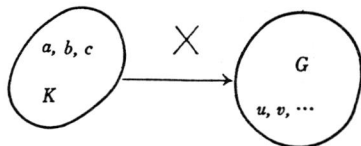

图2-36

（5）将 K 的元素 a 从左边乘以 G 的元素 u，G 中会产生如下变换。

$$u \rightarrow au$$

该变换为

$$a(u + v) = au + av$$

因为它依旧是"和"的形态，所以是 G 的同态。此外，其映射结果止于 G 自身内部，所以它被称作自同态（endomorphism）。

（6）除了加法之外，G 还定义了乘法。

对于 G 的任意两个元素 u, v，定义它们的积 uv，并使其分配律成立。

$$u(v + w) = uv + uw$$
$$(u + v)w = uw + vw$$

（7）K 与 G 的元素与 u 相乘时可交换。

$$(au)v = u(av)$$

让我们从另外一种角度重新审视这件事。

那就是，G 成了 G 自身的自同态（图 2-37）。

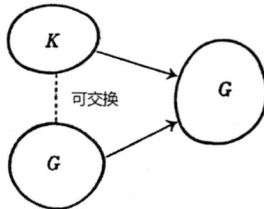

图2-37

K 与 G 这两个自同态所构成的环，其每个元素都可交换。

将 G 自身看作 G 的自同态，这是数学家艾米·诺特（1882—1935）的创见。

自同态这个概念，是使某个"对象"发生变化或进行映射的一种"作用"。当域 K 是群 G 的系数域时，情况如图 2-38 所示。

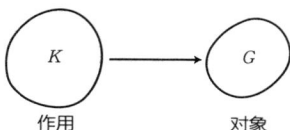

图2-38

也就是说，K 的元素具有扰动 G 的内部的作用。从这个意义上来说，K 是"作用"的集合，G 则是承受"作用"的对象的集合。但是我们可以认为，G 自身也是某种"作用"的集合。

如此，"作用对象"和"作用"无法绝对地分离开来，二者相互融合在一起。这便是诺特的独特思考方式。

（8）前文的例子没有假定乘法的结合律成立，但很多情况下会这样假设。所以，如果没有特别说明，就是假定乘法的结合律成立为前提。

（9）存在乘法的单位元 e。也就是说，对于任意的 u，存在 e 使得 $eu = ue = u$。

这个 e 存在的话，ae 这种形式的数的全体就包含在 G 中，并依据

$$a \leftrightarrow ae$$

这一对应与 K 同构。这次，K 不再存在于 G 的外部，而是 K（准确来说是与 K 同构的域）包含于 G 之中了（图 2-39）。

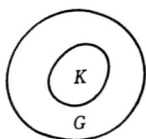

图2-39

这次的情况变成了"作用"与"作用对象"相互转化。但是一般情况下，也有从一开始就未假定 e 存在的情况。

以上便是代数的一般概念。简单来说，它就是将复数的二维扩展到 n 维，将系数的实数域扩展为一般域所得到的东西。

也正因如此，代数之前也被称作"超复数系统"（hypercomplex number system）。

四元数

从复数到代数的扩展并非一蹴而就。人类的知识不会突然就发生重大飞跃。另外，就算真的发生了这种一蹴而就的飞跃，其中究竟又有多少意义呢？

最先对复数进行扩展的，是哈密顿（1805—1865）的四元数。

系数域是实数，并在四维上有如下乘法。

$$u_1 u_1 = u_1, \quad u_1 u_2 = u_2 u_1 = u_2, \quad u_1 u_3 = u_3 u_1 = u_3$$

$$u_1 u_4 = u_4 u_1 = u_4$$

也就是说，u_1 是单位元，我们也可以将其写为 e。

$$u_2 u_2 = -u_1, \quad u_3 u_3 = -u_1, \quad u_4 u_4 = -u_1$$

$$u_2 u_3 = u_4, \quad u_3 u_4 = u_2, \quad u_4 u_2 = u_3$$

$$u_3 u_2 = -u_4, \quad u_4 u_3 = -u_2, \quad u_2 u_4 = -u_3$$

过去，人们曾用 $1, \mathrm{i}, \mathrm{j}, \mathrm{k}$ 来表示此处的 u_1, u_2, u_3, u_4。所以，前面的条件也可以写成如下形式。

$$1 \cdot 1 = 1, \quad 1 \cdot \mathrm{i} = \mathrm{i} \cdot 1 = \mathrm{i}, \quad 1 \cdot \mathrm{j} = \mathrm{j} \cdot 1 = \mathrm{j}, \quad 1 \cdot \mathrm{k} = \mathrm{k} \cdot 1 = \mathrm{k}$$

$$\mathrm{i}^2 = -1, \quad \mathrm{j}^2 = -1, \quad \mathrm{k}^2 = -1$$

$$\mathrm{ij} = \mathrm{k}, \quad \mathrm{jk} = \mathrm{i}, \quad \mathrm{ki} = \mathrm{j}$$

$$\mathrm{ji} = -\mathrm{k}, \quad \mathrm{kj} = -\mathrm{i}, \quad \mathrm{ik} = -\mathrm{j}$$

像这样的代数元素可以写成如下形式。

$$a \cdot 1 + b \cdot \mathrm{i} + c \cdot \mathrm{j} + d \cdot \mathrm{k}$$

这个元素就称为四元数（quaternion）。四元数的全体就是四元数环或四元数体。

四元数之间的加、减、乘、除很明显满足代数的条件。

首先可以明确的一点是，四元数体（将其用 Q 来表示）包含与复数域同构的域。将 Q 中 $a \cdot 1 + b\mathrm{i}$ 形式的所有元素的集合记为 C，则 C 很明显与复数域同构。

四元数的另外一个显著的性质是，非 0 元素都具有逆元。

我们将 $a \cdot 1 + b\mathrm{i} + c\mathrm{j} + d\mathrm{k}$ 与 $a \cdot 1 - b\mathrm{i} - c\mathrm{j} - d\mathrm{k}$ 相乘，看看情况如何。

$$\big(a + b\mathrm{i} + c\mathrm{j} + d\mathrm{k}\big)\big(a - b\mathrm{i} - c\mathrm{j} - d\mathrm{k}\big)$$

$$= a^2 - ab\mathrm{i} - ac\mathrm{j} - ad\mathrm{k}$$

$$+ ab\mathrm{i} + b^2 - bc\mathrm{k} + bd\mathrm{j}$$

$$+ac\mathrm{j} + bc\mathrm{k} + c^2 - cd\mathrm{i}$$

$$+ad\mathrm{k} - bd\mathrm{j} + cd\mathrm{i} + d^2$$

$$= a^2 + b^2 + c^2 + d^2$$

因为 a, b, c, d 都是实数，所以如果 a, b, c, d 中至少有一个不为 0，那么可得下式。

$$a^2 + b^2 + c^2 + d^2 > 0$$

因此，若 $a + b\mathrm{i} + c\mathrm{j} + d\mathrm{k}$ 不为 0，则系数 a, b, c, d 中至少有一个不为 0。因此可得 $a^2 + b^2 + c^2 + d^2 > 0$，且

$$\left(a + b\mathrm{i} + c\mathrm{j} + d\mathrm{k}\right)\left(\frac{a - b\mathrm{i} - c\mathrm{j} - d\mathrm{k}}{a^2 + b^2 + c^2 + d^2}\right) = 1$$

即可得下式。

$$\left(a + b\mathrm{i} + c\mathrm{j} + d\mathrm{k}\right)^{-1} = \frac{a - b\mathrm{i} - c\mathrm{j} - d\mathrm{k}}{a^2 + b^2 + c^2 + d^2}$$

所以我们可以说，不为 0 的四元数总是具有逆元。

因此，我们可以说，四元数构成的环成了"域"。不过，这个"域"是非交换的，因此数学标准术语中称其为四元数体，属于除环。对于此，只需要列出

$$\mathrm{i}\mathrm{j} = \mathrm{k}, \quad \mathrm{j}\mathrm{i} = -\mathrm{k}$$

这两个关系就能知道了。

也就是说，四元数体是最初被发现的非交换除环的实例。在哈密顿的那个时期，实数域与复数域以外的除环，从未被构想出来过。所以，四元数的发现在当时引起了巨大轰动。

大家都期待四元数会具有与复数相当的威力。为了研究四元数，当时甚至出现了"四元数同盟"这类组织。

然而，后续的研究表明，人们对于四元数的期待过高了。所谓四元数具有复数一样的威力，只不过是一种幻想。

另外，寻找四元数体之外的除环的研究也曾盛极一时，但最终都无功而返。以实数为系数的代数，被证明仅仅是实数自身与复数及四元数而已。

实数是一维的，复数是二维的，四元数是四维的，但并不存在以实数为系数的三维的域。

我们所居住的空间是三维向量空间。如果在这些向量之间定义某种乘法，使其构成域，那么就会非常方便。但遗憾的是，这无法实现。二维平面能够构成复数域，所以利用域来理解它十分容易。

但是到了三维的时候，这就无法实现了。

也正因如此，三维的函数论无法被创造出来。

2.12 邀请之十二

分析与综合

当数扩展到复数时,人们觉得数就到此为止了,但是没想到又出现了四元数这种奇妙的数。如此一来,数就不能再安住于复数的界限之内了。因此,数学家思考出了能把四元数这个特殊情况也包含在内的代数,这使得数的范畴得到了更广义的扩展。

数的范围得到了重大扩展,但相关研究并未就此止步。数学家开始思考一个问题,即是否存在某种一般化的原理,能让人将无穷无尽的代数结构一览无余。此时的数学家产生了一种期待,即希望能将所有的代数无一遗漏地数出来。

为了实现这一愿望,研究者又拿出了他们通常使用的武器,即分析与综合的方法。下面我们举一个化学方面的例子来看一下。

在化学还不发达的时代,人们一直在思索对近乎无穷的物质进行分类的方法,以及从何处、以何种顺序开始着手此事。但是,对当时的人们而言,物质实在是太多了,对物质进行分类可谓困难重重。

后来人们发现,某种物质是由几种元素构成的,其他的物质也是由这些元素连接构成的,之后情况就彻底发生了改变。如果

我们留意 H_2O、HCl、H_2SO_4 等化合物的分子式的书写方法，那么就会发现对物质进行合理分类是可行的。这种研究的顺序是先尽可能地从单纯的物质着手进行分类，然后再去把握复杂的物质。

不仅如此，分子式这条线索还引导人们以人工合成的方式，创造出自然界中不曾存在过的新化合物。这个过程是按照如下顺序进行的。

$$复杂的物质 \xrightarrow{\text{(分析)}} 元素 \xrightarrow{\text{(综合)}} 化合物$$

像这样的分析与综合的方法，不仅限于化学领域，而是在整个自然科学领域都得到了广泛应用。当然，数学也不例外。

如果将分析与综合的方法应用到代数中，那么就可以得到一组被称为"结构定理"（structure theorem）的定理。这是由数学家韦德伯恩（1882—1948）发现的。

这些"结构定理"所扮演的角色，相当于化学领域中的元素和分子式。也就是说，我们要先找到相当于最单纯元素的代数，然后对这种代数进行分解（分析）。之后，再反过来将单纯的代数适当地进行合成，制造出复杂的代数（综合）。这与有机化学中将各种元素进行恰当的化合，从而创造出新的化合物的方法非常相似。

现在，我们先从一般代数的分解开始。这个过程非常长，如果将严密的证明一字不漏地写出来，恐怕本书书稿的预留篇幅远远不够。所以，在此我只讲述证明的主干部分。

我们先来看一下代数研究中的几种惯用方法。

同构与同态

两个环 R, R'，其加法、乘法（包括常数的乘法）能够建立"一对一"的对应关系时，称 R, R' 同构。

也就是说，存在将 R 的元素 a 与 R' 的元素 a' 建立"一对一"关系的对应 φ。

$$a \overset{\varphi}{\to} a'$$

用符号来写的话，即存在

$$\varphi(a) = a'$$

当 φ 满足

$$\varphi(a \pm b) = \varphi(a) \pm \varphi(b)$$
$$\varphi(ab) = \varphi(a)\varphi(b)$$
$$\varphi(\alpha a) = \alpha\varphi(a)$$

这些条件时，φ 是同构对应，或者叫同构映射。如果存在这样的 φ，那么 R 与 R' 就是同构的环。

也就是说，R 与 R' 作为环而言，具有同样的结构。因此，仅从内部结构来看的话，是无法区分 R 与 R' 的。

仅仅将 R 替换为与其同构的 R'，这起不了什么作用。不过，如果此时引入"同态"这一构想，那么就能实现环的结构的简化，或者说是"缩小"。

假设存在从 R 到 R' 的映射 φ，该映射的对应关系也可以是"多对一"。然后其加法与乘法的相关条件，与 φ 为同构映射时相同（图 2-40）。

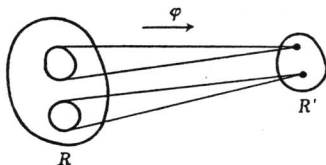

图2-40

此时，将映射结果为 R' 中的同一元素的 R 的元素的集合汇总在一起，并集结为类，那么 R 可以分为许多个类（图 2-41）。

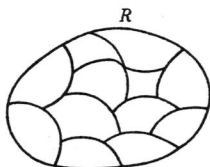

图2-41

如果 a_1, a_2 属于 R 中的同一个类，即

$$\varphi(a_1) = \varphi(a_2)$$

另外，b_1, b_2 也属于同一个类，即

$$\varphi(b_1) = \varphi(b_2)$$

那么，让两边分别相加，则

$$\varphi(a_1) + \varphi(b_1) = \varphi(a_2) + \varphi(b_2)$$

由同态的定义可得

$$\varphi(a_1 + b_1) = \varphi(a_2 + b_2)$$

对于减法，情况也相同，即

$$\varphi(a_1) - \varphi(b_1) = \varphi(a_2) - \varphi(b_2)$$

$$\varphi\left(a_1 - b_1\right) = \varphi\left(a_2 - b_2\right)$$

对于乘法，情况也相同，即

$$\varphi\left(a_1\right)\varphi\left(b_1\right) = \varphi\left(a_2\right)\varphi\left(b_2\right)$$

$$\varphi\left(a_1 b_1\right) = \varphi\left(a_2 b_2\right)$$

从上述内容可知，属于同一个类的元素所得出的和、差、积会落到同一个类中。

反过来说，从两个类中任意取一些元素，创造出它们的和，虽然这些和会成为很多不同的元素，但它们不会散落到不同的类中，而是会落到同一个类中（图 2-42）。

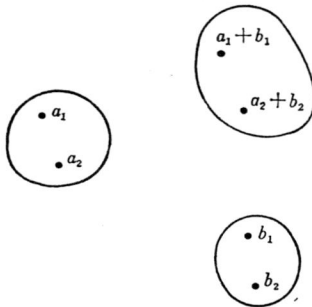

图2-42

也就是说，各个类对于加法、减法、乘法这些运算而言，是作为一个整体来行动的。换言之，对于加法、减法、乘法这些运算，类具有牢固的团结关系。

因此，这样的类可以被看作一个元素，这样所得到的环当然也与 R' 同构。

上述内容都以最开始假定存在同态映射 φ 为前提，那么反过来说，若以某个类存在为前提出发，就可以制造出与 R' 相当的缩小的环。

这里所说的类，并非需要给出 R 整体的类，只需要给出预计映射结果为缩小后的 R' 的 0 的类即可。这样的类 M（图 2-43）需要满足什么样的条件呢？

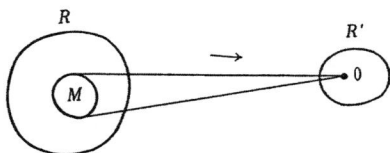

图2-43

让两个元素的映射结果为 0，即

$$\varphi(a) = 0, \quad \varphi(b) = 0$$
$$\varphi(a+b) = \varphi(a) + \varphi(b) = 0 + 0 = 0$$

也就是说，$a + b$ 的映射结果也是 0，那么 $a + b$ 必须属于这个类 M。$a - b$ 也是同样的情况。

记 x 为 R 的任意元素，有

$$\varphi(xa) = \varphi(x)\varphi(a) = \varphi(x) \cdot 0 = 0$$
$$\varphi(ax) = \varphi(a)\varphi(x) = 0 \cdot \varphi(x) = 0$$

即 xa 与 ax 的映射结果也为 0，因此，xa 与 ax 都属于这个类 M。

对上述内容做个总结，情况如下。

R 的子集 M 满足下列两个条件：

（1）M 对于加法是封闭的；

（2）将 M 的任意元素 a，从右或从左与 R 的元素相乘所得

的元素的集合记为 RM, MR ，则 RM, MR 包含在 M 中。

$$RM \subset M$$

$$MR \subset M$$

一般情况下，将某个环中满足上述条件的子集称为这个环的理想（ideal）。

因此，我们可以得知，R 中映射结果为 " R' 中的 0 " 的所有元素，在 R 中能够构成一个理想。

如果得到了一个理想 I ，那么就能对 R 整体进行分类。

这定义了一种情况，即当 R 的两个元素 a, b 之差 $a - b$ 属于 I 时，a, b 属于同一个类。

假定 φ 存在，那么可得下式。

$$\varphi\big(a - b\big) = \varphi\big(a\big) - \varphi\big(b\big) = 0$$

以这个类为基础，将 R 的元素 a 到其所属的类 a' 的映射记为 φ ，则可得如下结果。

$$\varphi\big(a\big) = a'$$

我们可以很容易地证明，这个映射会将加法、减法、乘法保持原样。这样所得到的缩小后的环称为 R 由 I 得到的商环，记为 R / I 。

因此，当理想 I 存在时，我们总能得到 R / I 这个缩小的环。

回顾上述内容，我们能发现，这与群中从正规子群出发求商群的过程非常相似。那个过程也是将群缩小，制造出结构更为简单的群。

直和与直积

关于直和的内容，我们前面已经讲过，即环 R 可以分解为两个子环的和。

$$R = R_1 + R_2$$

R_1 与 R_2 的共同部分仅有 0，而且 R_1 与 R_2 的任意元素的积皆为 0。也就是说，R_1 与 R_2 会互相抵消。

因此，R_1 与 R_2 都成了 R 中的理想。

与之相对，我们再来看直积的情况。假设 R_1, R_2 的系数的域相同，那么 R_1 的基 $u_1, u_2, \cdots, u_m$ 与 R_2 的基 $v_1, v_2, \cdots, v_n$ 可以创造出 mn 个积，即

$$u_1v_1, u_1v_2, \cdots, u_iv_k, \cdots, u_mv_n$$

可得以其为基的 mn 维的代数。

此时的加法为线性形式，让乘法 $(u_iv_k)(u_sv_t)$ 中的 v_k 与 u_s 可交换，则可将其写为

$$(u_iu_s)(v_kv_t)$$

R_1, R_2 的乘法规则可以直接对其适用。

将 R_2 写为

$$\alpha_1v_1 + \alpha_2v_2 + \cdots + \alpha_nv_n$$

时，取代 $\alpha_1, \alpha_2, \cdots, \alpha_n$，$R_2$ 具有了将其扩大所得的 R_1 的所有元素。但是，即便 $v_1, v_2, \cdots, v_n$ 成为 R_1 的系数，它也必须保持线性独立。

像这样创造出的 mn 维的代数就称为 R_1 与 R_2 的直积，表示如下。

$$R_1 \times R_2$$

幂零与幂等

环中最重要的东西，毫无疑问是 0。0 是加法群的单位元，不管是怎样的环，一定会包含它。在域中，0 以外的元素一定存在逆元，0 和非 0 元素的区别非常明显。但在一般的环中，这种区分的边界就不是很清晰，环中还存在非 0 元素也没有逆元的情况。例如，在以实数为元素的 2 行 2 列的矩阵的环

$$\begin{bmatrix} a_{11} & a_{12} \\ a_{21} & a_{22} \end{bmatrix}$$

中，$\begin{bmatrix} 0 & 1 \\ 0 & 0 \end{bmatrix}$ 这个矩阵并不为 0，却不存在逆元。

由此我们能发现，在不是域的一般环中，存在不是 0 但接近于 0 的"准 0"元素。

这样一来，就产生了一件必须做的事情，即将这些"准 0"元素挖掘出来并集中到一起，再把它们从其他元素中分离出去。这些"准 0"元素非常棘手，研究难度非常大。

"准 0"这一描述具体来说的话，指的就是"幂零"（nilpotent），意思是某个元素 a 的幂 a^n 为 0。

$$a^n = 0$$

n 取 $1,2,3,\cdots$ 中的哪个数都可以，特别是 $n=1$ 的话，a 自身就为 0。前文提及的元素 $\begin{bmatrix} 0 & 1 \\ 0 & 0 \end{bmatrix}$，它进行 2 次方运算后结果为 0，所以它是一个幂零。

$$\begin{bmatrix} 0 & 1 \\ 0 & 0 \end{bmatrix}^2 = \begin{bmatrix} 0 & 0 \\ 0 & 0 \end{bmatrix} = 0$$

将所有这样的元素集结起来，再将它们分离出去，说起来很简单，但做起来难度很大。这种幂零元素的集合有很多棘手之处，比如它对于加法不一定是封闭的。

例如，以前面的例子来说，对于

$$a = \begin{bmatrix} 0 & 1 \\ 0 & 0 \end{bmatrix}, \quad b = \begin{bmatrix} 0 & 0 \\ 1 & 0 \end{bmatrix}$$

虽然 $a^2 = 0, \quad b^2 = 0$，但是它们的和不是幂零。

$$\begin{bmatrix} 0 & 1 \\ 0 & 0 \end{bmatrix} + \begin{bmatrix} 0 & 0 \\ 1 & 0 \end{bmatrix} = \begin{bmatrix} 0 & 1 \\ 1 & 0 \end{bmatrix}$$

那么，这种情况究竟有什么限制条件呢?

那就是比"单个元素 a 是幂零"更加严格的条件，即"理想这一元素的集合 $\mathcal{U}$ 是幂零理想"。

$$\mathcal{U}^n = 0$$

这里的意思是，$\mathcal{U}$ 的任意元素取 n 个 $a_1, a_2, \cdots, a_n$ 相乘，其结果为 0。

$$a_1 a_2 \cdots a_n = 0$$

这样的理想中存在一种极为庞大的对象,称为根基(radical)。它是个极为复杂的东西。

设 A 为代数, R 为根基,那么商环 A/R 的根基就只有 0。像这样根基为 0 的代数称为半单代数(semi-simple algebra)。

A/R 可以粗略看作将 R 的元素看作 0 的环,所以从这个意义上来说, A/R 将 R 忽略掉也是可以的。

不过, A 无法完美地分解为半单代数的 A^* 与根基 R 的和。

但是,如果存在某种条件, A 就可以分解为半单代数的 A^* 与根基 R 的和。

$$A = A^* + R$$

下面我们将这个半单代数的 A^* 继续分解,它可以分解为单代数(simple algebra)的和。

$$A^* = A_1 + A_2 + \cdots + A_m$$

"单"的意思是 0,或者说它自身之外的两侧都不存在理想。两侧存在理想的话,通过多对一同态映射可以缩小映射为更小的环,但只要那样的理想不存在,它就无法缩小。"单"指的就是这个意思。

这个单代数的情况会如何呢?

关于它,存在以下定理。

定理 单代数是由"某个除环(非交换也可以)的元素所构成的所有矩阵"所构成的环。

也就是说,除环 K 的任意元素 $a_{11}, \cdots, a_{nn}$ 所构成的所有矩阵如下所示。

$$\begin{bmatrix} a_{11} & a_{12} & \cdots & a_{1n} \\ a_{21} & a_{22} & \cdots & a_{2n} \\ \vdots & \vdots & & \vdots \\ a_{n1} & a_{n2} & \cdots & a_{nn} \end{bmatrix}$$

而这些矩阵所构成的环（这种环叫作全矩阵环）就是单代数。

全矩阵环是具有 n^2 个基的代数。

$$e_{11} = \begin{bmatrix} 1 & 0 & \cdots & 0 \\ 0 & 0 & \cdots & 0 \\ \vdots & \vdots & & \vdots \\ 0 & 0 & \cdots & 0 \end{bmatrix},$$

$$e_{21} = \begin{bmatrix} 0 & 0 & \cdots & 0 \\ 1 & 0 & \cdots & 0 \\ 0 & 0 & \cdots & 0 \\ \vdots & \vdots & & \vdots \\ 0 & 0 & \cdots & 0 \end{bmatrix},$$

$$\cdots\cdots$$

$$e_{nn} = \begin{bmatrix} 0 & 0 & \cdots & 0 \\ 0 & 0 & \cdots & 0 \\ \vdots & \vdots & & \vdots \\ 0 & 0 & \cdots & 1 \end{bmatrix}$$

有 n^2 个基的话，我们可知它具有下面这样的乘法。

$$e_{ij}e_{kl} = \begin{cases} e_{il} & (j = k \text{ 时}) \\ 0 & (j \neq k \text{ 时}) \end{cases}$$

将这样的代数记为 M_n，将某个基域记为 K，则上述定理就会变为所有单代数都是

$$K \times M_n$$

的情况。

至此，我们可以知道，将一般代数进行分解，最终会得到除环、全矩阵环和幂零根基。

2.13 邀请之十三

各种各样的距离

至此，我主要讲述了群、环、域等代数系统的相关内容。现在，我们来看一下与代数系统相当的另一个核心领域——拓扑的相关内容。

为了介绍拓扑的相关内容，我们需要先来看一下距离的一般性概念。

近年来，由于交通工具的飞跃式发展，人们会发出感叹，说"地球变小了""距离变短了"。不过，这并不是真正意义上的距离缩短，而是速度提升使得两点间的移动时间减少了。人们说"距离变短了"，不过是一种比喻，实际上变短的是"时间性距离"，而非实际的距离。

由此可见，"距离"一词具有多种含义。

我们日常提及日本两个地点之间的距离时，有时指的是两点间的直线距离，有时则指两点间铁路的长度。

以东京到大阪为例，若按东海道线铁路来算，距离为 556.4千米（图 2-44），但两座城市之间的直线距离比这个距离要短。

像这样，日常生活中会出现各种各样的距离。于是，研究者自然会想创造出关于各种各样距离的一般性理论。

图2-44

　　为了实现这一目标，我们需要从"点"这种元素所构成的无结构集合出发，这与代数系统的情况是一样的。

　　我们将这个集合记为 R，它由有限个或无穷个元素构成，将这些元素命名为"点"。

　　在这里，对于"点"，我们无须联想初等几何学中的点，只将其作为集合的元素对待即可。只要有明确的定义，它可以指代任何事物。

　　事实上，在数学分析领域，函数可以成为"点"；在概率论中，事件也可以成为"点"。所以这种"点"并不是初等几何学中的那种点，我们只需要将它看作"某种东西"即可。

　　在这样的集合中的两个"点" a,b 之间，导入距离 $d(a,b)$，$d(a,b)$ 满足下列 3 个条件。

　　（1）两个点如果一致，则其距离为 0。

$$d(a,a) = 0$$

不同的点之间的距离永远为正，即如果 $a \neq b$，则有

$$d(a, b) > 0$$

（2）从 a 到 b 的距离，与从 b 到 a 的距离相等。

$$d(a, b) = d(b, a)$$

（3）存在 3 个点时，a, b 之间的距离与 b, c 之间的距离的和不小于 a, c 之间的距离。

$$d(a, b) + d(b, c) \geqslant d(a, c)$$

当 R 中存在满足以上 3 个条件的 $d(a, b)$ 这个双变量函数时，$d(a, b)$ 就称为 R 上的距离，而能够定义这样的 $d(a, b)$ 的集合就称为度量空间。

条件（1）是极为妥当的。

在条件（2）的情况下，如果考察的是从 a 到 b 的步行时间，那么当 a 的地势比 b 高时，从 a 到 b 所需要的时间要比从 b 到 a 所需要的时间短，即

$$d(a, b) < d(b, a)$$

这种情况是不对称的。但是，度量空间中的距离是不允许这种非对称性存在的。

条件（3）是与三角形的三条边长短相关的内容（图 2-45），这也是对于距离而言本质性的东西。

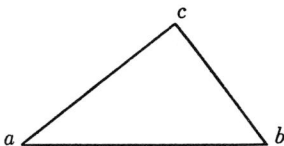

图2-45

下面来看一下二维平面中存在的各种距离的实例。

a 的坐标为 $\left(x_1, x_2\right)$，b 的坐标为 $\left(x_1{}', x_2{}'\right)$。依据勾股定理，两点间的普通距离如下。

$$d\left(a, b\right) = \sqrt{\left(x_1 - x_1{}'\right)^2 + \left(x_2 - x_2{}'\right)^2}$$

距离坐标系原点长度为 1 的点，可以形成一个圆（图 2-46）。

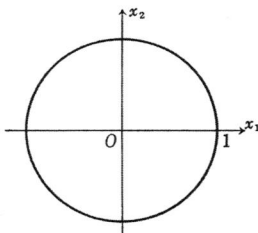

图2-46

不过，其他距离也可以定义。当 $p \geqslant 1$ 时，将

$$d\left(a, b\right) = \left\{\left|x_1 - x_1{}'\right|^p + \left|x_2 - x_2{}'\right|^p\right\}^{\frac{1}{p}}$$

作为距离也没什么问题。当 $p = 2$ 时，则是依据勾股定理得出的普通距离。

此时，距离原点长度为 1 的点 c

$$d\left(0, c\right) = 1$$

则会变成如下情况。

如图 2-47 所示，当 $p = 1$ 时，c 是最里面的菱形。然后，它开始膨胀。当 $p = 2$ 时，c 变成了一个圆。当 $p > 2$ 时，c 会继续膨胀。当接近 $p \to \infty$ 时，c 就变成了最外面的正方形。像这样的距离，也满足前面的条件（1）、（2）、（3）。

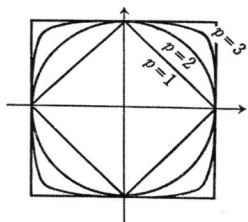

图2-47

在 $\left\{\left|x_1 - x_1{}'\right|^p + \left|x_2 - x_2{}'\right|^p\right\}^{\frac{1}{p}}$ 中，如果假设 $\left|x_1 - x_1{}'\right|$ 与 $\left|x_2 - x_2{}'\right|$ 中较大的一方是 $\left|x_1 - x_1{}'\right|$，则

$$\frac{\left|x_2 - x_2{}'\right|}{\left|x_1 - x_1{}'\right|} \leqslant 1$$

所以，

$$\left\{\left|x_1 - x_1{}'\right|^p + \left|x_2 - x_2{}'\right|^p\right\}^{\frac{1}{p}}$$

$$= \left|x_1 - x_1{}'\right|\left\{1 + \left(\left|\frac{x_2 - x_2{}'}{x_1 - x_1{}'}\right|\right)^p\right\}^{\frac{1}{p}} \leqslant \left|x_1 - x_1{}'\right| \cdot 2^{\frac{1}{p}}$$

当 p 无限变大时

$$\to \left|x_1 - x_1{}'\right|$$

即可得下式。

$$d\left(a,b\right) = \sup\left(\left|x_1 - x_1{}'\right|, \left|x_2 - x_2{}'\right|\right)$$

像这样，我们可以在同一平面中导入不同的距离。

如果不在二维平面而是在 n 维空间中，那么

$$a = \left(x_1, x_2, \cdots, x_n\right)$$
$$b = \left(x_1{}', x_2{}', \cdots, x_n{}'\right)$$

这两点的距离可表示为

$$d\left(a,b\right) = \left\{\left|x_1 - x_1{}'\right|^p + \left|x_2 - x_2{}'\right|^p + \cdots + \left|x_n - x_n{}'\right|^p\right\}^{\frac{1}{p}}$$

这个距离也满足前面的条件（1）、（2）、（3）。条件（1）、（2）的情况都很简单，条件（3）验证起来稍显复杂，初等证明如下。

作为证明的准备工作，首先要证明下面的定理。

定理　当 $p \geqslant 1$ 时，在区间 $[0,a]$ 上，

$$f\left(x\right) = \left(x^p + b^p\right)^{\frac{1}{p}} + \left\{\left(a - x\right)^p + c^p\right\}^{\frac{1}{p}}$$
$$\left(a > 0, \quad b > 0, \quad c > 0\right)$$

在 $x = \dfrac{ab}{b+c}$ 时可取极小值 $\left\{a^p + \left(b + c\right)^p\right\}^{\frac{1}{p}}$。

证明　可以使用微分的极大极小方法。

$p > 1$ 的话，

$$f'(x) = \left(\frac{x^p}{x^p + b^p}\right)^{\frac{p-1}{p}} - \left(\frac{(a-x)^p}{(a-x)^p + c^p}\right)^{\frac{p-1}{p}}$$

$f'(x)$ 随 x 从 0 到 a 的增加而单调增加。

$$f'(0) = -\left(\frac{a^p}{a^p + c^p}\right)^{\frac{p-1}{p}}, \quad f'(a) = \left(\frac{a^p}{a^p + b^p}\right)^{\frac{p-1}{p}}$$

所以等于 0 的地方只有一处。

让 $f'(x) = 0$ 的话，可得

$$\frac{x^p}{x^p + b^p} = \frac{(a-x)^p}{(a-x)^p + c^p}$$

$$c^p x^p = b^p (a-x)^p$$

$$cx = b(a-x)$$

$$x = \frac{ab}{b+c}$$

计算这个点上的 $f(x)$ 的值（图 2-48），结果如下。

$$f\left(\frac{ab}{b+c}\right) = \left\{a^p + (b+c)^p\right\}^{\frac{1}{p}}$$

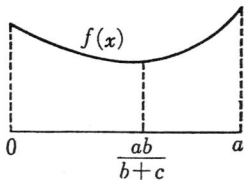

图2-48

下面，我们来使用这个辅助定理。

为了简单一些，我们将 $|x_1|, |x_2|, \cdots$ 写为 $x_1, x_2, \cdots$，这样的话

$$\left(x_1^{\ p} + x_2^{\ p} + \cdots + x_{n\text{-}1}^{\ p}\right)^{\frac{1}{p}} = b$$

$$\left(x_1'^{\ p} + x_2'^{\ p} + \cdots + x_{n\text{-}1}'^{\ p}\right)^{\frac{1}{p}} = c$$

$$x_n = x, \quad x_n' = a - x$$

由此可得，

$$\left\{x_1^p + x_2^p + \cdots + x_{n-1}^p + x_n^p\right\}^{\frac{1}{p}} + \left\{x_1'^{\ p} + x_2'^{\ p} + \cdots + x_n'^{\ p}\right\}^{\frac{1}{p}}$$

$$\geqslant \left[\left\{\left(x_1^p + \cdots + x_{n-1}^p\right)^{\frac{1}{p}} + \left(x_1'^{\ p} + \cdots + x_{n-1}'^{\ p}\right)^{\frac{1}{p}}\right\}^p + \left(x_n + x_n'\right)^p\right]^{\frac{1}{p}}$$

继续应用辅助定理，则

$$\geqslant \left\{\left(x_1 + x_1'\right)^p + \left(x_2 + x_2'\right)^p + \cdots + \left(x_n + x_n'\right)^p\right\}^{\frac{1}{p}}$$

所以，可得如下结果。

$$d\left(0, a\right) + d\left(0, b\right) \geqslant d\left(a, b\right)$$

这个 0 是一般的点也没什么问题。

无限维的度量空间

当 n 不是有限的，而是无穷大时，就可以得到无限维的度量空间。a, b 是由无穷个坐标所确定的两个点，点 a 是

$$\left(x_1, x_2, \cdots, x_n, \cdots\right)$$

点 b 是

$$\left(x_1{}', x_2{}', \cdots, x_n{}', \cdots\right)$$

将这两个点的距离定义为

$$d\left(a,b\right) = \left\{\left|x_1 - x_1{}'\right|^p + \left|x_2 - x_2{}'\right|^p + \cdots + \left|x_n - x_n{}'\right|^p + \cdots\right\}^{\frac{1}{p}}$$

这个距离也满足条件（1）、（2）、（3）。

虽然这与 n 无穷变大的情况不同，但这里出现的无穷级数不收敛就没有意义。n 为有限时就不存在收敛问题。

p 等于 1 或者更大的实数时，情况会如何呢？当 $p = 1$ 时，

$$d\left(a,b\right) = \left|x_1 - x_1{}'\right| + \left|x_2 - x_2{}'\right| + \cdots + \left|x_n - x_n{}'\right| + \cdots$$

这个式子很容易把握。

反过来，当 p 趋于无穷大时，$d\left(a,b\right)$ 则逐渐接近

$$\left|x_1 - x_1{}'\right|, \left|x_2 - x_2{}'\right|, \cdots, \left|x_n - x_n{}'\right|, \cdots$$

的上限。

$$d\left(a,b\right) = \sup_n\left(\left|x_n - x_n{}'\right|\right)$$

这就相当于 $p = \infty$ 的情况。

像这样，对于 p 从 1 到 ∞ 的情况都可以构成度量空间，其中，最常出现的就是 $p = 2$ 时的情况。这种情况下，勾股定理是成立的，而且因为 $p = 2$，所以计算上也比较顺畅。

函数空间

将函数看作"点"的空间，叫作函数空间。

为了便于理解，我们将 x 在某个区间 I 上被定义的连续函数全体的集合记为 R。

构成 R 的点是像 $f(x), g(x), \cdots$ 这样的连续函数。

此时，将两个"点"之间的距离定义为

$$d(f, g) = \left\{ \int_I |f(x) - g(x)|^p \, \mathrm{d}x \right\}^{\frac{1}{p}}$$

的话（图 2-49），那么这种距离明显满足条件（1）、（2）、（3）。

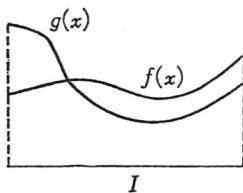

图2-49

在这里，我们也能将这个空间像 $p = 2$ 时勾股定理成立的普通欧几里得空间那样来对待。

平面几何中，将 $\triangle ABC$ 的边 BC 的中点记为 D，则下面的等式成立（图 2-50）。

$$AB^2 + AC^2 = 2AD^2 + 2BD^2$$

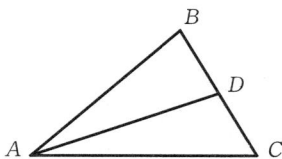

图2-50

这是由勾股定理导入的，这个等式在 $p=2$ 时的函数空间中也成立。

当 $p=1$ 时，情况如下。

$$d\left(f,g\right) = \int_I \left|f\left(x\right) - g\left(x\right)\right| \mathrm{d}x$$

如图 2-51 所示，$f\left(x\right)$ 与 $g\left(x\right)$ 交错的阴影部分的面积就是其距离。

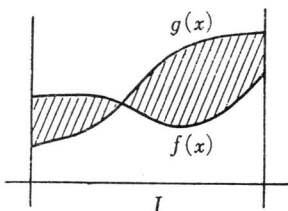

图2-51

因为相当于 $p=\infty$ 的

$$d\left(f,g\right) = \sup_x \left|f\left(x\right) - g\left(x\right)\right|$$

是距离，所以图 2-52 中 $f\left(x\right)$ 与 $g\left(x\right)$ 的差的最大处就是距离。

将距离导入上面这样的函数空间，则可将数学分析中的事实转换成函数空间中的几何表现。

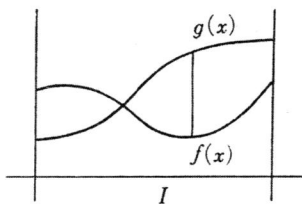

图2-52

例如，函数列

$$f_1(x),\ f_2(x),\ \cdots,\ f_n(x),\ \cdots$$

一致收敛至函数 $f(x)$，即指

$$\sup_x \left| f_n(x) - f(x) \right|$$

随 $n \to \infty$ 而接近 0。一致收敛的条件，由与 x 的值无关的 ε 决定。从某个序号起到 n，则有

$$\left| f_n(x) - f(x) \right| < \varepsilon$$

这意味着

$$d(f_n, f) < \varepsilon$$

因此，f_n 一致收敛至 f，与在这样的空间中点 f_n 靠近点 f 相同。

像这样，分析学的命题可以用几何学的图像来把握。从这个意义上来说，函数空间将分析学与几何学连接了起来。

说起来，人在思考问题时，多会借助某种图像来辅助思考。对于略微复杂的事情，借助图像和示意图就能有效避免思路混乱，防止陷入思维困境，从而顺利推进思考。

庞加莱曾有句名言将数学家划分为逻辑型与直观型，这种说

法乍看似乎并无不妥。然而，这句话还需要进一步补充说明。这是因为在我看来，既不存在纯粹的逻辑型的人，也不存在纯粹的直观型的人。

如果存在思考实数时不会去想数轴的人，大概可以被视为纯粹的逻辑型，但实际上这样的人是不存在的。反之，仅仅使用直观而不使用逻辑的人，至少在数学家中是找不到的。

数学既是逻辑的又是直观的，只不过二者的存在方式不同。

因此，只要数学还在发展，试图将逻辑与直观连接起来的尝试就会持续出现。度量空间和函数空间便是这种尝试带来的成果。

2.14 邀请之十四

邻域

如果存在被称为"点"的东西的集合，且定义了这些"点"之间的被称为"距离"的非负实数，那么就会出现一个规定了远近的空间。这样的空间称为"度量空间"，也叫"距离空间"。

距离这个概念是我们非常熟悉的东西，因此度量空间也非常便于我们思考。如果"点"之间在某种意义上的远近关系是由接下来我要介绍的拓扑空间来界定的，那么该远近关系可由实数定义，这让人感觉非常直接。

但是此时，对这个"距离"的把握反而会变得不方便。这是因为，拓扑这个属性领域，其任务是研究图形（也包含空间）在连续变形中的不变性质。

大家不妨想象一下橡皮膜连续变形的情景。此时，橡皮膜上两点之间的距离会发生变化，也就是说，距离概念已经无法适用。但是，如图 2-53 所示，橡皮膜表面上所画图形的连通情况并没有发生改变。

像这样，研究连续变形下的不变性质就是拓扑学的任务，所以它不会依赖距离这一概念。因此，它需要寻找一个不同于距离的概念作为支撑。经过探索，"邻域"这一概念应运而生。

图2-53

为了后续更好地理解相关内容，我们先从度量空间的角度进行思考。

记度量空间 R 中的一个点为 p。此时，移动的点 x 逐渐向 p 靠近。简单来说，x 与 p 之间的距离 $d(x,p)$ 逐渐接近 0。

现在，我们用另一种语言来描述这种情况。将离 p 的距离小于数 r 的点（$d(x,p) < r$）的集合，命名为半径为 r 的圆，用 $S(r)$ 来表示（图 2-54 左图）。让 r 不断发生变化，则可以得到以 p 为圆心的一组同心圆（图 2-54 右图）。

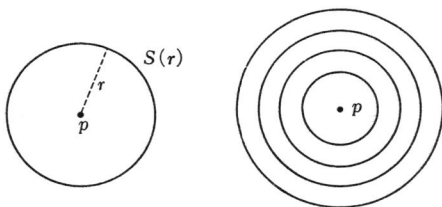

图2-54

既然 x 逐渐向 p 靠近，则 x 会不断突破同心圆的障碍。因此，不管 $S(r)$ 的 r 多小，都无法阻断 x。所以，当存在

$$x_1, x_2, x_3, \cdots, x_n, \cdots$$

这个点列时，不管是什么样的 $S(r)$，都必然会从某个序号 N 开始，

将之后的点 $x_N, x_{N+1}, \cdots$ 全都包含在内。

这样的圆 $S(r)$ 存在于 p 的周围，对于找到靠近 p 的点起着决定性作用。

像这样的 $S(r)$ 称为点的邻域，这种邻域的全体所构成的集合称为 p 的邻域系。

度量空间的邻域是这个空间的子集，它是由距离来确定的。即便是在由未定义距离的"点"的集合 R 中，将这个子集挑出来，将其视作相当于邻域之物，那么也可以构成与度量空间相似的东西。按照这种方式产生的空间就是邻域空间。在集合 R 的子集中，指定哪些是点 p 的邻域、哪些不是，就姑且能将远近的概念导入 R 中。不过，这种邻域的指定也不能太过随意，还需要对其施加一些最低限度的限制条件，具体内容如下。

（1）R 的所有点至少拥有一个邻域，点 p 包含于其邻域之中（图 2-55 ①）。

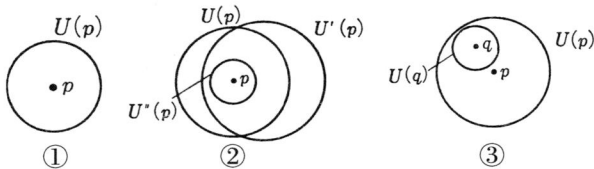

图2-55

也就是说，将点 p 的邻域记为 $U(p)$，则

$$p \in U(p)$$

（2）同一个点的两个邻域包含其第三个邻域（图 2-55 ②）。

（3）如果点 q 包含于点 p 的邻域 $U(p)$ 之中，那么点 q 的邻域也包含于 $U(p)$ 之中（图 2-55 ③）。

作为度量空间的邻域的某个圆，当然也满足上面的条件（1）、（2）、（3）。

在度量空间所具有的种种性质之中，邻域空间只需要具备上述的（1）、（2）、（3）即可。

触点与闭包

如前所述，可以用邻域定义空间。另外，根据闭包这一构想，也可以创造出空间。

假设平面上有一个圆，将该圆内部的集合记为 A，该圆的圆周不包含在 A 中。

如果圆外存在点 q，再取其足够小的邻域，那么该邻域能够确保 A 的点不会进入其中。不过，此时在圆周上取一个点，将其记为点 p，p 当然也不包含在 A 中，但 p 附近属于 A 的点要多少有多少（图 2-56）。

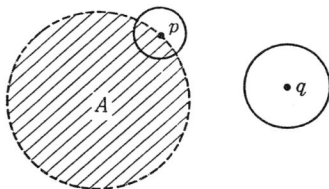

图2-56

也就是说，不管 p 选择多么小的邻域，其中总会有 A 的点进入。p 的邻域无法阻断 A 的点。当点 p 的所有邻域都拥有与 A 相交不为空的交集时，这样的点就叫作 A 的触点。A 的点自然是 A 的触点，圆周上的点也是 A 的触点。

A 的全体触点的集合称为 A 的闭包，用 $\overline{A}$ 表示。

下面我们列举一下 $\overline{A}$ 的性质。

条件（1）中，因为 A 的点总是含在 p 的邻域中，所以 p 是 A 的触点。因此，A 包含于 $\overline{A}$。

记 p 包含于 $\overline{\overline{A}}$ 中，则 p 的邻域 $U(p)$ 一定包含 $\overline{A}$ 的某个点。将这个点记为 q，根据条件（3），存在位于 q 的邻域 $U(q)$ 且包含于 $U(p)$ 之中的东西。因为 q 是 A 的触点，所以 $U(q)$ 中也包含 A 的点。因此，$U(p)$ 包含 A 的某个点。

所以，p 也成了 A 的触点。因此可得如下结果。

$$\overline{A} \supset \overline{\overline{A}}$$

如已证明的那样，也可以得到 $\overline{A} \subset \overline{\overline{A}}$，所以可得如下结果。

$$\overline{A} = \overline{\overline{A}}$$

下面，我们来考察 $A \cup B$ 的闭包。

根据触点的定义，有

$$\overline{A} \subset \overline{A \cup B}$$

$$\overline{B} \subset \overline{A \cup B}$$

所以，可以很自然地得到下式。

$$\overline{A} \cup \overline{B} \subset \overline{A \cup B}$$

我们来证明它的逆命题。

让 p 属于 $\overline{A \cup B}$，并且既不属于 $\overline{A}$，也不属于 $\overline{B}$。这样一来，在 p 的邻域中，不含 A 的点的邻域 $U(p)$ 与不含 B 的点的邻域 $U'(p)$ 至少有一个是存在的。

根据条件（2），存在同时不含于 $U(p)$ 与 $U'(p)$ 的邻域 $U''(p)$。这个 $U''(p)$ 既不包含 A 的点，也不包含 B 的点，所以这与 p 不是 $A \cup B$ 的触点的假设相矛盾。因此，p 至少要属于 $\overline{A}$ 或 $\overline{B}$ 其中一方。

$$p \in \overline{A} \cup \overline{B}$$

因此，可得

$$\overline{A} \cup \overline{B} \supset \overline{A \cup B}$$

结合前面的结果，则有

$$\overline{A} \cup \overline{B} = \overline{A \cup B}$$

另外要补充一点，空集 $\varnothing$ 的闭包还是空集，即

$$\overline{\varnothing} = \varnothing$$

总结一下，具体内容如下。

$$\text{I} \quad \overline{A \cup B} = \overline{A} \cup \overline{B}$$

$$\text{II} \quad A \subset \overline{A}$$

$$\text{III} \quad \overline{\overline{A}} = \overline{A}$$

$$\text{IV} \quad \overline{\varnothing} = \varnothing$$

"创造出 A 的闭包 $\overline{A}$" 中的 "‾" 是对满足 I, II, III, IV 的 R 的子集进行的操作。

对其追根溯源，可以得到结论：创造出闭包的"‾"是从邻域开始，按照"邻域→触点→闭包"的顺序所导出的东西。

闭集与开集

若思考集合 A 的触点，则因为 $A \subset \overline{A}$，所以它还会被挤到 A 之外。不过，依据"‾"这一操作无法再变大的集合，我们称其为闭集，也就是

$$A = \overline{A}$$

这种集合。

"闭"也就是"封闭"（closed），这个词在数学中经常出现。大致来说，对于某个集合定义的某个操作只能在这个集合内部完全实施时，这个集合对于这个操作就是"封闭"的。

例如，在全体正整数集合

$$N = \{1, 2, 3, \cdots\}$$

中，加法是可以自由实施的。也就是说，N 的任意两个元素相加，所得之和还是 N 的元素，不会到 N 的外面去。所以，N "对于加法是封闭的"。不过，N 对于减法不是封闭的。

在拓扑学中，能自由实施"创造触点"这一操作的集合就是闭集。

也就是说，总有 $\overline{\overline{A}} = \overline{A}$，所以 $\overline{A}$ 总是闭集。

下面，我来列举一下闭集的几个性质。

其一，有限个或无穷个闭集的交集仍然是闭集。

记

$$A_1, A_2, \cdots$$

的交集为 D 。因为

$$D \subset A_1$$
$$D \subset A_2$$
$$\cdots\cdots$$

所以，有

$$\overline{D} \subset \overline{A_1} = A_1$$
$$\overline{D} \subset \overline{A_2} = A_2$$
$$\cdots\cdots$$

因此，$\overline{D}$ 包含于 $A_1, A_2, \cdots$ 的交集 D 中，即

$$\overline{D} \subset D$$

另外，很明显 $D \subset \overline{D}$ ，所以

$$\overline{D} = D$$

因此，D 是闭集。

使用这条性质，我们就能很好地理解将 $\overline{A}$ 命名为 A 的闭包的原因。$\overline{A}$ 是 A 所含闭集中最小的那个，另外也是包含 A 的所有闭集的交集。

其二，对于闭集的并集，有如下定理成立。

定理 有限个闭集的并集仍然是闭集。

我们只需要在关于两个闭集的情况下证明这个定理，再将其

逐渐应用到有限个闭集的情况就可以证明该定理。

A_1, A_2 为两个闭集，我们尝试创造出 $A_1 \cup A_2$。

$$\overline{A_1 \cup A_2} = \overline{A_1} \cup \overline{A_2} = A_1 \cup A_2$$

因此，$A_1 \cup A_2$ 是闭集。

将该结论逐渐应用下去，就可以证明

$$A_1 \cup A_2 \cup \cdots \cup A_n$$

是闭集。

不过，这里需要注意一点，无穷个闭集的并集不一定是闭集。

另外，R 全体与空集 $\varnothing$ 是闭集。例如，直线上的有理数的点作为一个点时是闭集，但全体有理数的集合则不是闭集。

闭集的补集称为开集。所以，将关于闭集的 $\cap, \cup$ 关系逆转为 $\cup, \cap$ 关系后，这个关系对于开集也是成立的。

有限个或无穷个开集的并集还是开集。

有限个开集的交集是开集。

全空间 R 与空集 $\varnothing$ 是开集。

那么，关于这个开集与属于它的点的邻域，能够形成满足前述条件（1）、（2）、（3）的邻域空间吗？

也就是说，我们需要将一路走来的道路逆着走一遍试试，即依照"闭包→闭集合→开集→邻域→邻域空间"的顺序来尝试。

定义满足 I, II, III, IV 的闭包的集合 R（即空间 R），能够成为满足条件（1）、（2）、（3）的邻域空间吗？答案是肯定的。

因为空集 $\varnothing$ 是闭集，所以其补集 R 是开集。因此，对于 R

的任意一点 p ，至少存在一个包含其在内的邻域 R 。如果包含 p 的开集为 p 的邻域，条件（1）就成立。

记 p 的两个邻域为 $U(p), U'(p)$ ，其补集分别为 A, B 。 A, B 当然是闭集。

可知， $A \cup B$ 当然也是闭集。此时，其补集 $U(p) \cap U'(p)$ 是开集，并且包含 p ，所以是 p 的邻域。因此，条件（2）得以证明。

属于 p 的邻域 $U(p)$ 的点 q 包含于 $U(p)$ 之中，所以 $U(p)$ 也是 q 的邻域。因此，条件（3）成立。所以，我们可以得知，这样的空间是邻域空间。

由以上内容可知，定义空间 R 有下列四种方法。

（ⅰ）指定邻域。

（ⅱ）指定闭包。

（ⅲ）指定闭集。

（ⅳ）指定开集。

（ⅰ）与（ⅱ）的关系如我们前文中追溯来路的过程所示，（ⅲ）与（ⅳ）也可同样建立关系。

（ⅲ）则是指定 R 的子集中称为"闭集"的东西，并使其满足下列条件。

（1）有限个或无穷个闭集的交集是闭集。

（2）有限个闭集的并集是闭集。

（3） R 与空集是闭集。

基于此，如果定义包含 A 的所有闭集的交集为 $\overline{A}$ ，那么此方法与（ii）相通。

另外，将上述条件（1）、（2）、（3）与其中相关的 $\cap,\cup$ 关系恰当地替换也可以定义开集。

通过以上四种方法可以为集合 R 导入远近关系。像这样被导入远近关系的"点"的集合 R ，就称为拓扑空间（topological space）。拓扑空间 R 需要满足的条件非常少，因此拓扑空间可以包括范围极为广阔的"空间"。一维直线、二维平面、三维立体，或者 n 维相空间（phase space），只要是度量空间，那么它就是拓扑空间的一种。

拓扑空间是一种非常广泛的概念。同时，它的这种广泛性也会有带来麻烦的倾向。

因此，有必要为拓扑空间添加各种条件，对其进行特殊化。

2.15 邀请之十五

拓扑空间与分离性公理

拓扑空间是一种不依赖距离概念来定义远近关系的空间。对于拓扑空间 R 而言，它不仅仅是其元素"点"的集合，其子集是否被指定为闭集也是决定该空间性质的重要因素。

如果指定 R 的全部子集为闭集，那么 R 会成为一个闭集数量极多的空间；反之，若指定 R 自身以及空集为闭集，那么 R 会成为一个闭集数量极少的空间。其他的空间则处于这两种极端情况之间。

闭集数量的多少会如何影响空间的性质呢？

以线段区间 $[0,1]$ 为例（图 2-57）。

0　　　　　　1

图2-57

将这条线段看作一个拓扑空间 R，它无法分解为两个互相没有交集的闭集。假设

$$R = A \cup B$$

并且，$A \cap B = \varnothing$（空集）。

将属于 B 但不属于 A 的点的全体记为 A'。A' 的上限的点记为 C。

设 ε 为任意小的正数，则考虑区间 $\left[C-\varepsilon,C\right]$ 时，其中必然存在 A' 的点。

另外，若 $\left[C-\varepsilon,C+\varepsilon\right]$ 中不包含 B 的点，则会变成其上限 $C+\varepsilon$ 也属于 A'，这与 A' 的上限是 C 相矛盾。所以，$\left[C-\varepsilon,C+\varepsilon\right]$ 中包含 B 的点。因此，C 是 A,B 双方的触点。又因为 A,B 是闭集，所以 C 包含于双方之中，这又与 C 是 A,B 双方的触点相矛盾。因此，R 无法分解为两个互相没有交集的闭集。

但是，如果 R 是由两个区间构成的空间，则明显可以分解为 A,B 两个闭集（图2-58），前述假设同样成立。

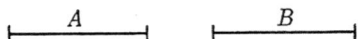

图2-58

$$R = A \cup B, \quad A \cap B = \varnothing$$

因此，我们可以认为，无法分解为两个闭集的空间是"连接"的，而可以分解为两个闭集的空间是"切断"的。

第一个例子中，R 分解为 $R = A \cup B$ 时，由于 B 是 A 的补集，所以它也会成为开集。因此，"连接"的空间 R，除了 R 自身和空集之外不再具有是闭集、开集的子集。与之相反，第二个例子中的空间 R 则具有是闭集、开集的子集，我们还可以说它的闭集数量比较多。

通过第二个例子我们就能发现，闭集数量越多，空间的"裂痕"就会越多。

因此，只有 R 自身和空集是闭集的空间是没有"裂痕"的空间。反之，所有子集是闭集的空间是"裂痕"最多的空间，其中的所有点都被遗留下来的点孤立起来了。

其他的空间则处于这两种极端情况之间，即 R 自身和空集之外也有闭集，但闭集的数量也没有多到"所有的子集都是闭集"的程度。

像这样表达"指定闭集（或者是指定作为其补集的开集）的数量有多少，邻域对点与子集的分离程度如何"等条件的东西，就称为"分离性公理"。

分离性公理根据程度不同可以分为不同的阶段，当分离性公理的条件逐渐严格时，拓扑空间就会逐渐接近我们所居住的欧几里得空间。

T_0 空间

我们先来看一下柯尔莫戈罗夫（1903—1987）的分离性公理，其具体表述如下：

"取空间 R 的任意两个点，则其中至少有一个点存在不包含另一个点的邻域。"

我们将这个条件称为 T_0，满足这个条件的空间称为 T_0 空间。

例如，一个只将 R 自身与空集指定为闭集的空间，其开集也仅有 R 自身与空集，所以不存在只包含其中一个点而不包含另一个点的开集，因此也不存在邻域。

T_0 空间中，一个点 p 的闭包 $\bar{p}$ 绝对不是这个点，即

$$p \subset \bar{p} \ \text{且} \ p \neq \bar{p}$$

这样的空间的例子，可以看看下面的这种情况（图 2-59）。

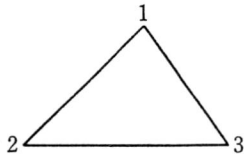

图2-59

将三角形的三个顶点分别命名为 1、2、3，则三角形为集合 $\{1,2,3\}$，三条边为 $\{1,2\}$、$\{2,3\}$、$\{3,1\}$，三个顶点为 $\{1\}$、$\{2\}$、$\{3\}$。将这 7 个集合记为 R，R 中各元素的闭包为该元素及与其相关的边或端点。例如，边 $\{1,2\}$ 的闭包情况如下。

$$\{1,2\}, \quad \{1\}, \quad \{2\}$$

此时，其补集为开集。在这样的空间中，条件 T_0 是成立的。各位读者可以自己确认一下。

将 T_0 的条件转换成闭包的条件，则形式如下。

定理 两个不同的点，其闭包也不同。

证明 假设 $p \neq q$，且 p 拥有不包含 q 的邻域 $U(p)$（图 2-60）。

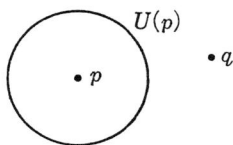

图2-60

如此一来，p 不包含于 q 的闭包 $\bar{q}$。因此，可得下式。

$$\bar{p} \neq \bar{q}$$

反过来，我们假设 $\bar{p} \neq \bar{q}$，看看情况如何。

p 不包含于 $\bar{q}$ 的话，则情况如下。

$$\bar{p} \subset \bar{\bar{q}} = \bar{q}$$

同样，q 不包含于 $\bar{p}$ 的话，则有如下结果。

$$\bar{q} \subset \bar{p}$$

$p \subset \bar{q}, q \subset \bar{p}$ 同时成立的话，则 $\bar{p} = \bar{q}$，与 $\bar{p} \neq \bar{q}$ 相矛盾。因此，$p \subset \bar{q}, q \subset \bar{p}$ 只能有其中之一成立。假如 $p \not\subset \bar{q}$ 的话，则 p 包含于 $\bar{q}$ 的补集 $R - \bar{q}$。将其记为 $U(p)$ 的话，则这个 $U(p)$ 为开集，不包含 q。（证明完毕。）

记存在一般化的偏序集 P，也就是说，P 为定义了偏序关系 $<$ 的集合。

对于 P 的子集 A，取 A 的某个元素 a，将 $x \leqslant a$ 的所有元素的集合定义为闭包 $\bar{a}$ 的话，这样得到的拓扑空间就是 T_0 空间。

原因如下。让 $p \neq q$，若 $p < q$ 则 $\bar{p}$ 不包含 q，因此 $\bar{p} \neq \bar{q}$。即使 $p > q$，$\bar{p} \neq \bar{q}$ 依然成立。因此，我们可知该空间是 T_0 空间。

反过来，假设存在 T_0 空间，当 $p \subset \bar{q}$ 时，导入 $p \leqslant q$ 这一项

关系，则因为 $p \leqslant q, q \leqslant r$，所以

$$p \subset \overline{q}, \quad q \subset \overline{r}$$

因此可得

$$p \subset \overline{q}, \quad \overline{q} \subset \overline{\overline{r}} = \overline{r}$$

又因

$$p \subset \overline{r}$$

所以

$$p \leqslant r$$

也就是说，$\leqslant$ 是推移性的。因此，这个 R 是偏序集。

由此，可将 T_0 空间与偏序集同一视之。

例如，将某家公司的全体员工的集合记为 P，该公司中上司与下属的关系用 $p < q$ 来表示，则 P 就是一个偏序集。因此，它也是一个 T_0 空间。此时，某个员工 p 的闭包 $\overline{p}$ 是他自己与他的全部下属员工。

T_0 空间中，一个点的闭包会变得比这个点大，这与几何学中的常识相去甚远。因此，数学家豪斯多夫（1868—1942）越过了这一条件，从最开始就设定了更加严格的条件。明白 T_0 空间与偏序集之间的关系，这是一个非常重要的阶段。

T_1 空间

T_1 是比 T_0 稍微严格一些的条件，具体内容如下。当 $p \neq q$ 时，

不再是某一个点，而是两个点都存在不包含另一个点的邻域，这称为 T_1 分离性公理。满足这个公理的空间称为 T_1 空间。

定理 在 T_1 空间中，一个点 p 的闭包 $\bar{p}$ 是 p 自己。

证明 假设 $\bar{p}$ 包含 p 以外的点 q。此时 q 的邻域应该必须包含 p。这与 T_1 相矛盾。因此，$\bar{p}$ 不包含 p 以外的点（图 2-61 ①）。

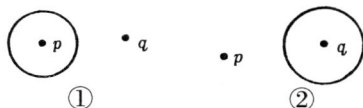

图2-61

也就是说，

$$p = \bar{p}$$

反过来，$p \neq q$ 的话，$\bar{p} = p$ 不包含 q。因此，q 的邻域中存在不包含 p 的邻域（图 2-61 ②）。因此，T_1 成立。

T_2 空间

在 T_1 的基础上，豪斯多夫更进一步，设立了下面的条件：

"两个不同的点，存在没有交集的邻域。"

也就是说，当 $p \neq q$ 时，p, q 存在邻域 $U(p), U(q)$（图 2-62），并且

$$U(p) \cap U(q) = \varnothing$$

这样的条件称为 T_2，满足 T_2 的空间称为 T_2 空间，或者是豪斯多

夫空间。

T_2 比 T_1 更加严格，因此 T_2 空间自然也是 T_1 空间。不过，也存在是 T_1 空间但无法成为 T_2 空间的例子，此处就省略不提了。

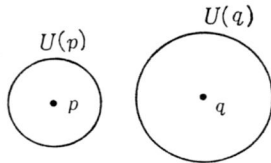

$U(p)$ $U(q)$ · p · q

图2-62

至此，我列举了与两个点相关的分离性公理。总结一下，可知 T_0, T_1, T_2 的条件逐渐变严格。因此，我们可以得到下面的顺序。

$$T_0 \text{空间} \supset T_1 \text{空间} \supset T_2 \text{空间}$$

对于闭集的分离条件，我们在下一小节中再看。

T_3 空间

闭集的分离条件就是将 T_2 中两个点的其中一方换为闭集。

闭集的某一个点与不含这个点的闭集存在没有交集的邻域（图 2-63）。

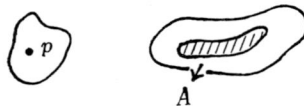

· p A

图2-63

这称为第三分离性公理。不过，此处需要注意，从这个条件

无法得出 T_2。这是因为，无法得知 T_1 是否成立，所以所有的点未必都是闭集。因此，如果 T_1 成立，就能通过这个条件得出 T_2。这样的空间称为正则（regular）空间。再进一步，如果两方都是闭集，则会变成下面的条件：

"没有交集的两个闭集存在没有交集的邻域（图 2-64）。"

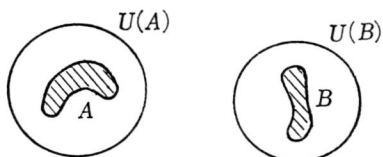

图2-64

满足这个条件的 T_1 空间称为正规（normal）空间，或者 T_4 空间。像这样，分离的条件逐渐严格的话，空间就会逐渐接近我们所熟悉的欧几里得空间，在这个过程中，重要的空间是度量空间。此处出现的问题是，拓扑空间具有什么样的条件才会与度量空间拓扑相同。这是一个由来已久的问题，最近这个问题已被解决。不过，这是个非常复杂的问题，这里就省略不谈了。

连续映射

前面我们研究了一个空间的内部结构，这样就出现了问题，即有必要研究两个以上的空间之间的关系。存在两个空间 R, R'，并且存在将 R 的元素 x 对应为 R' 的元素 y 的函数 $y = f(x)$。

依据 f，R 的子集 A 与 R' 的子集 A' 进行对应时，可以记为

$A' = f(A)$。在这里，f 的连续究竟是怎么一回事呢?

先来回顾一下我们所熟知的单变量函数连续的条件。

$$y = f(x)$$

此时，R 和 R' 都是由一条直线构成的一维空间。在 R 中，x 通过集合 A 的点逐渐靠近 a 时，a 明显是 A 的触点。此时，$f(x)$ 在 R' 中让 $f(A)$ 的点移动。然后，f 连续的话，$f(x)$ 就会接近 $f(a)$。也就是说，$f(a)$ 是 $f(A)$ 的触点。

可知，$f(\overline{A})$ 的点 $f(a)$ 成了 $f(A)$ 的触点，则可得下式。

$$f(\overline{A}) \subset \overline{f(A)}$$

将这个条件一般化，应用于一般化的 R, R'，就定义了 f 的连续性。现在，我们将从 R 到 R' 的映射反过来思考。

$$f(x) = y$$

中，y 称为属于 R' 的子集 A' 的所有 x 的集合 A 的原像，用 $f^{-1}(A')$ 来表示。A' 是 R' 中的闭集的话，则

$$\overline{A'} = A'$$

f 是连续性的，所以根据定义有

$$f\left(\overline{f^{-1}(A')}\right) \subset \overline{f(f^{-1}(A'))} = \overline{A'} = A'$$

由此可得

$$\overline{f^{-1}(A')} = f^{-1}(A')$$

因此，$f^{-1}(A')$ 是闭集。也就是说，在连续性映射中，闭集的原

像是闭集。不过，此处需要注意，闭集的像不一定是闭集。例如，R 是一条直线，R' 是区间 $[-1,+1]$，我们来思考依据 $y = \sin x$ 的映射。A 是 R 中的整数集合，当 n 是 A 的元素时，其像 $\sin n$ 在 R' 中就不是闭集。

拓扑的强弱

如果从 R 到 R' 的映射是"一对一"的单射，并且是连续的，那么 R' 的闭集中存在与 R 的闭集对应的闭集。因此，R 中的闭集数量一般会更多。粗略来说，R 成了比 R' "裂痕"更多的空间。反过来说，当某个空间进行"一对一"连续映射时，其闭集数量通常会减少，"裂痕"也会呈现出减少趋势。此时，我们称 R' 的拓扑不弱于 R 的拓扑。如果从 R' 到 R 的逆映射不是连续的，即 R 的闭集 A 的像在 R' 中至少有一个不是封闭的，那么我们称 R' 的拓扑强于 R 的拓扑。

如果从 R' 到 R 的逆映射是连续的，则称 R 的拓扑与 R' 的拓扑相同。

关于拓扑的"强弱"这种描述，其实可以从不同角度理解。如果从连接能力的强弱来看，则闭集数量少的拓扑强；如果以分离能力的强弱来看，则闭集数量多的拓扑强。这种强弱判断会因所关注的性质不同而发生变化。

从连接能力上看，指定只有 R 自身与空集是闭集的空间，其拓扑性是最强的。从分离能力上看，指定所有子集都是闭集的空间，其拓扑性是最强的。

　　基于拓扑的强弱关系，在同一个"点"的集合中，对于可导入其中的所有拓扑，可以赋予它们强弱顺序，这样就形成了一个偏序集。这样的偏序集又成为一个新的研究课题。实际上，它已经被数学家多番研究了。